Nico Ninov · Sabrina John

AF827692

Drohneneinsatz bei Feuerwehr, Rettungsdienst und THW

Rechtliche Grundlagen, Vorbereitung, Taktik, Einsatz, Perspektiven

ecomed
SICHERHEIT

Bibliografische Informationen der Deutschen Nationalbibliothek
Die Deutsche Nationalbibliothek verzeichnet diese Publikation in der Deutschen Nationalbibliografie; detaillierte bibliografische Daten sind im Internet über <http://www.dnb.de> abrufbar.

Bei der Herstellung des Werkes haben wir uns zukunftsbewusst für umweltverträgliche und wiederverwertbare Materialien entschieden.

Gendererklärung:
Aus Gründen der besseren Lesbarkeit wird in diesem Werk die Sprachform des generischen Maskulinums angewendet. Es wird darauf hingewiesen, dass die ausschließliche Verwendung der männlichen Form geschlechtsunabhängig zu sehen ist.

ISBN 978-3-609-77546-3

E-Mail: kundenservice@ecomed-storck.de
Telefon: 089/2183-7922
Telefax: 089/2183-7620

© 2023 ecomed SICHERHEIT, ecomed-Storck GmbH, Landsberg am Lech

www.ecomed-storck.de

Titelbild: Nico Ninov

Bildnachweise: S. 9, 31, 83, 111 und 131: Nico Ninov; S. 131: Sabrina John; alle weiteren Bildquellen sind in den Bildunterschriften angegeben.

Dieses Werk, einschließlich aller seiner Teile, ist urheberrechtlich geschützt. Jede Verwertung außerhalb der engen Grenzen des Urheberrechtsgesetzes ist ohne Zustimmung des Verlages unzulässig und strafbar. Dies gilt insbesondere für Vervielfältigungen, Übersetzungen, Mikroverfilmungen und die Einspeicherung und Verarbeitung in elektronischen Systemen.

Satz: Fotosatz Buck, Kumhausen
Druck: Westermann Druck, Zwickau

Inhaltsverzeichnis

Vorwort

Die Entstehung der unbemannten Luftfahrt geht zurück auf den Beginn des 20. Jahrhunderts, als erste experimentelle ferngesteuerte Flugmodelle gebaut wurden. Die Technologie entwickelte sich in den folgenden Jahrzehnten langsam weiter, wobei Drohnen und andere unbemannte Fluggeräte hauptsächlich für militärische Zwecke eingesetzt wurden.

Mit der zunehmenden Miniaturisierung von Elektronik, der Verbreitung von GPS-Technologie und Verbesserungen im Bereich der Batterieentwicklungen wurden Drohnen immer leistungsfähiger und preiswerter, was zu einer zunehmenden Verbreitung von Drohnenanwendungen für zivile Zwecke führte.

Heute werden unbemannte Luftfahrzeuge in diversen Bereichen eingesetzt: in Fotografie und Film, in der Vermessung, in der Inspektion von Gebäuden und Brücken, in der Landwirtschaft zur Rehkitzrettung und zum Austragen von Pflanzenschutzmitteln, zum Transport von Gütern und nicht zuletzt zur Unterstützung von Rettungs- und Einsatzkräften.

Durch den Einsatz von Drohnen können Rettungs- und Einsatzkräfte schnell und effizient auf Katastrophen und Notfälle reagieren und potenziell lebensrettende Hilfe leisten. Drohnen können dabei helfen, Gebiete zu erkunden, die durch Menschen schwer zugänglich sind, und auch bei der Suche nach vermissten Personen oder Tieren unterstützen. Auch in der Brandbekämpfung kann der Einsatz von Drohnen entscheidend sein, da sie die Feuerwehr bei der Erkundung des Brandherds unterstützen und dabei helfen können, den Einsatz zu koordinieren.

Es gibt viele gute Gründe, warum unbemannte Luftfahrzeuge in der Rettung und Brandbekämpfung zum Einsatz kommen sollten:

Geschwindigkeit und Effizienz: Drohnen können schnell und effizient in Einsatzgebiete gelangen, die für Menschen schwer zugänglich oder gefährlich sind. Sie können auch schneller als herkömmliche Rettungs- oder Einsatzfahrzeuge an den Einsatzort gelangen und somit wertvolle Zeit sparen.

Erkundung und Überwachung: Eine wertvolle Unterstützung bei der Erkundung und Überwachung von Einsatzgebieten stellen Drohnen dar, indem sie beispielsweise Live-Übertragungen von Video- oder Wärmebildkameras liefern oder die Umgebung nach vermissten Personen absuchen.

Koordination und Kommunikation: Drohnen tragen dazu bei, die Kommunikation und Koordination zwischen den Einsatzkräften zu verbessern, indem sie beispielsweise einen Überblick auf das Einsatzgebiet ermöglichen und dadurch die Positionen der Einsatzkräfte in Echtzeit koordiniert werden können.

Kostenersparnis: Der Einsatz von Drohnen kann bestenfalls zu Kosteneinsparungen führen, da sie eine effektivere und schnellere Durchführung von Einsätzen ermöglichen können, ohne dass teure Ressourcen wie Hubschrauber oder spezielle Ausrüstung benötigt werden.

Allerdings sind mit der Nutzung von Drohnen auch Herausforderungen verbunden, wie beispielsweise die Notwendigkeit einer sicheren Integration in den Luftraum und die Einhaltung von Datenschutzbestimmungen.

Gleichzeitig bietet der Einsatz von Drohnen in der Rettung und Brandbekämpfung ein großes Potenzial, Einsätze effektiver zu gestalten und bestenfalls Leben zu retten. Es ist daher wichtig, dass die Entwicklung und Nutzung von Drohnen weiterhin vorangetrieben wird und sinnvolle Maßnahmen ergriffen werden, um mögliche Risiken zu minimieren und eine sichere und verantwortungsvolle Nutzung sicherzustellen.

In diesem Buch möchten wir Einsatzkräften eine Hilfestellung für die Beschaffung geeigneter Geräte, die Qualifikation und Ausbildung des Personals sowie die optimale Vorbereitung und Durchführung verschiedener planbarer Einsatzszenarien geben.

Flurlingen und Hamburg im März 2023

Die Autoren

Nico Ninov

Nico Ninov ist diplomierter Elektroingenieur. Mit über 10 Jahren Berufserfahrung in der strategischen Geschäftsentwicklung beim Konzern ABB gründete er 2016 die nicopter GmbH mit Sitz in der Schweiz. Diese bietet zusammen mit Partnerunternehmen auch in Deutschland Ausbildungslehrgänge für gewerbliche Drohnenpiloten an. Zu seinen Kunden zählen sowohl Start-Ups und Unternehmen, die selbst Drohnendienstleistungen anbieten möchten, als auch Einsatzkräfte aus dem Bereich Feuerwehr, THW und Tierrettung.

Seit 2019 ist er Soldat der Führungsunterstützung (Luft) bei der Freiwilligen Feuerwehr Ausseramt in der Schweiz, wo er bereits viel Praxiserfahrung mit dem Einsatz von Drohnen in der Brandbekämpfung sowie bei der Suche und Rettung gewinnen konnte.

Darüber hinaus war Nico Ninov von 2019 bis 2023 Mitglied im erweiterten Vorstand des UAV DACH e.V. und leitet zudem die Fachgruppe „Luftfahrtunternehmen, Ausbildungsbetriebe und Personal“.

Nico Ninov ist Co-Autor der Bücher „Drohneneinsatz, Rechtliche Grundlagen – Ausbildung – Technik – Taktik – Einsatz“ aus der Reihe Fachwissen Feuerwehr und „Drohnenführerschein kompakt – Das Lehrbuch zum Drohnenflug“.

Sabrina John

Sabrina John ist Diplom-Betriebswirtin. Sie ist Geschäftsführerin der GLVI Gesellschaft für Luftverkehrsinformatik mbH mit Sitz in Deutschland, die Software- und Systems-Engineering in den Bereichen C4I und Verkehrsmanagementsysteme anbietet. Zu ihren Kunden gehören Flugsicherungen und Logistikunternehmen.

Ihr Schwerpunkt liegt insbesondere im Bereich der Integration von unbemannten Luftfahrzeugen in den bestehenden Luftverkehr. In diesem Zusammenhang steht sie im regelmäßigen Austausch mit Vertretern der bemannten Luftfahrt aus dem Bereich der Organisationen mit Sicherheitsaufgaben.

Sabrina John ist Mitglied des UAS-Beirats des Bundesministeriums für Digitales und Verkehr in Deutschland. Darüber hinaus war sie von 2020 bis 2023 Mitglied im Vorstand des UAV DACH e.V.

Sie ist Co-Autorin des Buches „Drohneneinsatz, Rechtliche Grundlagen – Ausbildung – Technik – Taktik – Einsatz“ aus der Reihe Fachwissen Feuerwehr.

1 Rechtliche Grundlagen

1.1 Luftrecht

1.1.1 Europäisches Recht

Am 31.12.2020 wurden die in den jeweiligen Mitgliedstaaten geltenden nationalen Drohnenverordnungen durch europäisch harmonisierte Regelungen abgelöst. Die Durchführungsverordnung (EU) 2019/947 [1] regelt seither den Betrieb unbemannter Luftfahrzeuge oder Unmanned Aircraft Systems (UAS). Die Delegierte Verordnung (EU) 2019/945 [2] enthält die Anforderungen an die Konstruktion und Herstellung der UAS.

Der 2012 geschlossene „Vertrag über die Arbeitsweise der Europäischen Union (AEUV)“ [3] legt unter anderem fest, in welchen Bereichen welche Kompetenzen bei der Europäischen Union (EU) liegen. Aus Artikel 100 Abs. 2 AEUV geht hervor, dass „das Europäische Parlament und der Rat […] geeignete Vorschriften für […] die Luftfahrt erlassen“ können. Des Weiteren wird in Artikel 288 Satz 2 festgehalten, dass Verordnungen „in allen ihren Teilen verbindlich und […] unmittelbar in jedem Mitgliedstaat“ gelten. Demnach müssen EU-Verordnungen nicht erst in nationales Recht überführt werden, sondern gelten unmittelbar.

Ergänzt wird das Regelwerk durch Leitlinien (Guidance Material, GM) und annehmbare Nachweisverfahren (Acceptable Means of Compliance, AMC). Die Leitlinien sollen dabei helfen, den Verordnungstext zu verstehen und richtig auszulegen. Die annehmbaren Nachweisverfahren enthalten Empfehlungen, wie die Anforderungen aus der

Verordnung erfüllt werden können. Die AMC/GM sind rechtlich nicht bindend. Das heißt, man kann von den darin vorgeschlagenen Vorgaben abweichen. Allerdings bedarf es hier eigener Nachweisverfahren, um die Wirksamkeit der Maßnahmen zu belegen.

Die DVO (EU) 2019/947 führte erstmalig das Konzept eines risikobasierten Ansatzes ein. Darin wird der Betrieb in drei Kategorien unterteilt: offen (open), speziell (specific) und zulassungspflichtig (certified), wobei in der offenen Kategorie von einem geringen und in der zulassungspflichtigen Kategorie von einem hohen Risiko ausgegangen wird.

Die offene Kategorie umfasst den Betrieb von kleineren Drohnen bis 25 kg innerhalb der Sichtweite des Fernpiloten (visual line of sight, VLOS) mit entsprechendem Abstand zu Menschen und nicht höher als 120 m über Grund. Im Hinblick auf den Abstand zu Personen heißt es in Artikel 4(1)(c) DVO (EU) 2019/947: „Der Fernpilot sorgt dafür, dass das unbemannte Luftfahrzeug in einer sicheren Entfernung von Menschen gehalten und nicht über Menschenansammlungen geflogen wird.“ Es kann davon ausgegangen werden, dass damit in erster Linie unbeteiligte Personen gemeint sind.

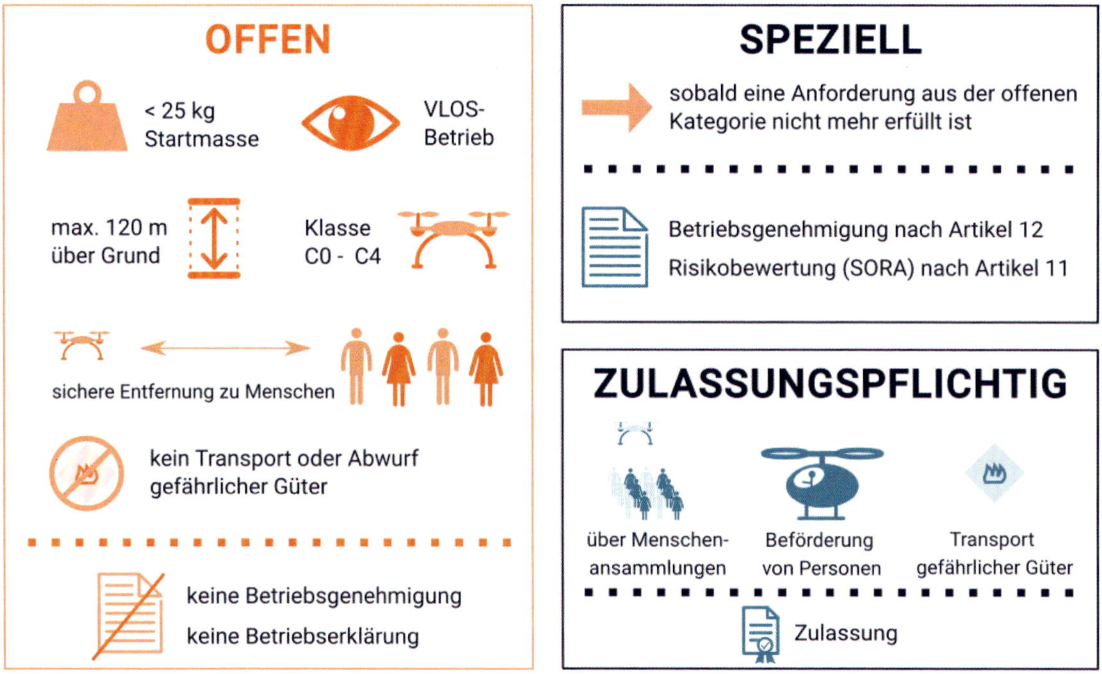

© Sabrina John

Abb. 1: Überblick über die einzelnen Betriebskategorien (Quelle: Sabrina John)

Sind die Voraussetzungen aus der offenen Kategorie erfüllt, muss für den Betrieb keine Betriebsgenehmigung eingeholt werden. Der Fernpilot kann somit unter Einhaltung der Voraussetzungen seine Drohne unmittelbar einsetzen.

Kann bereits eine der Voraussetzungen der offenen Kategorie nicht erfüllt werden, da der Betrieb beispielsweise außerhalb der Sichtweite des Fernpiloten (beyond visual line of sight, BVLOS) durchgeführt werden soll, findet der Betrieb in aller Regel in der speziellen Kategorie statt. Der Betrieb in dieser Kategorie bedarf dann einer Betriebsgenehmigung gemäß Artikel 5 i.V.m. Artikel 12 DVO (EU) 2019/947 durch die zuständige Behörde.

Sollen wiederum Menschenansammlungen überflogen, Menschen befördert oder gefährliche Güter transportiert werden, die ein hohes Risiko für Dritte darstellen könnten, wird der Betrieb der zulassungspflichtigen Kategorie zugeordnet. Dies bedeutet, dass sowohl das UAS als auch der Betrieb zugelassen sein müssen.

Die Unterkategorien der „offenen" Betriebskategorie

Die „offene" Betriebskategorie unterteilt sich in drei Unterkategorien. Diese unterscheiden sich darin, mit welchen Drohnenklassen und in welchem Abstand zu Personen geflogen werden darf. Darüber hinaus sind je nach Unterkategorie unterschiedliche Qualifikationen notwendig. So benötigen Fernpiloten für die Unterkategorien A1 und A3 einen entsprechenden EU-Kompetenznachweis, wohingegen Fernpiloten für den Betrieb in der Unterkategorie A2 ein sogenanntes „A2-Fernpilotenzeugnis" vorweisen müssen.

Unterkategorie	UAS-Klasse	Erlaubter Betriebsbereich	Qualifikation
A1 Nahe Menschen	**C0** < 250 g	Bereiche, in denen nicht ausgeschlossen werden kann, dass **unbeteiligte Personen** überflogen werden.	keine
	C1 < 900 g	Bereiche, in denen angenommen werden kann, dass **keine unbeteiligten Personen** überflogen werden.	Online-Training und Online-Prüfung
A2 Sichere Distanz zu Menschen	**C2** < 4 kg	Bereiche, in denen ein horizontaler Mindestabstand von **30 m (5 m)** zu unbeteiligten Personen eingehalten werden kann.	Online-Training und Online-Prüfung, praktische Selbsterklärung
A3 Weit von Menschen entfernt	**C3** < 25 kg **C4** < 25 kg	Bereiche, in denen keine unbeteiligten Personen gefährdet werden (größerer Sicherheitsabstand) und zumindest 150 m entfernt von Wohnsiedlungen, Industrieanlagen, Freizeitanlagen und Ähnlichem.	Online-Training und Online-Prüfung

© Nico Ninov

Abb. 2: Die Unterkategorien in der „offenen" Betriebskategorie (Quelle: Nico Ninov)

Fällt der Betrieb in die offene Kategorie, bedarf es keiner Genehmigung für den Betrieb. Voraussetzung ist allerdings, dass die Vorgaben strikt eingehalten werden.

Die „spezielle“ Betriebskategorie

Sobald eine der Voraussetzungen in der offenen Kategorie nicht mehr erfüllt ist, wird der Betrieb der speziellen Kategorie zugeordnet. Das wird insbesondere dann der Fall sein, wenn der Betrieb außerhalb der Sicht des Fernpiloten erfolgt, wie es zum Beispiel bei Personensuchen oder in der Wasserrettung vorkommen kann.

In der speziellen Kategorie gibt es zunächst einmal keine weiteren Unterteilungen. Für den Antrag auf Betriebsgenehmigung nach Artikel 12 DVO (EU) 2019/947 muss der Betreiber zunächst ein Betriebskonzept schreiben, aus dem unter anderem hervorgehen soll, welche Art von Betrieb geplant ist, wo der Betrieb stattfinden soll, wie das Personal ausgebildet ist, welche Technik zum Einsatz kommt (UAS, Unterstützungssysteme etc.) und welche Verfahren im Notfall zur Anwendung kommen sollen. Auf Basis des Betriebskonzeptes wird eine Risikobewertung (specific operations risk assessment = SORA) gemäß Artikel 11 DVO (EU) 2019/947 durchgeführt. Darin wird das Betriebsrisiko am Boden und in der Luft untersucht und gegebenenfalls Maßnahmen zur Minderung der Risiken ergriffen. Das Bodenrisiko umfasst dabei insbesondere Auswirkungen für unbeteiligte Dritte am Boden, wie zum Beispiel durch einen Absturz der Drohne. Beim Luftrisiko werden die Risiken für die bemannte Luftfahrt betrachtet. Hier wird danach unterschieden, in welchen Bereichen der Betrieb stattfinden soll, wobei der Betrieb an Flugplätzen mit einem höheren Risiko bewertet wird.

Um den Betrieb in der speziellen Kategorie für manche Anwendungen etwas zu erleichtern, wurden sogenannte europäische Standardszenarien (European standard scenario = STS) etabliert. Dabei handelt es sich um eine Art Blaupause für den Drohnenbetrieb. Stellt ein Betreiber fest, dass sein Betrieb einem der veröffentlichen Standardszenarien entspricht, muss er lediglich eine Erklärung an die zuständige Luftfahrtbehörde schicken, aus der hervorgeht, dass der Betrieb im Rahmen des entsprechenden Standardszenarios erfolgt und die erforderlichen Anforderungen an Betrieb und Personal eingehalten werden. Nach Erhalt der Bestätigung durch die zuständige Luftfahrtbehörde kann der Betreiber seinen Betrieb aufnehmen. Die Möglichkeit der Nutzung der europäischen Standardszenarien soll ab 2024 möglich sein.

Eine weitere Sonderform in der speziellen Kategorie stellt das Vereinfachte Betreiberzeugnis für UAS (Light UAS Operator Certificate = LUC) dar. Hiernach kann das Luftfahrtbundesamt, das in Deutschland für die Ausstellung der Betreiberzeugnisse zuständig ist, den Organisationen gewisse Privilegien gewähren. Hierzu zählt zum Beispiel, dass die UAS-Betreiber keine gesonderte Deklaration für den Betrieb nach einem Standardszenario bei der zuständigen Behörde einreichen müssen oder für eine niedrige Risikoklasse bei der zuständigen Behörde kein Antrag auf Betriebsgenehmigung gestellt werden muss. Voraussetzung hierfür ist allerdings, dass die notwendigen betrieblichen Strukturen geschaffen werden und die Ausübung der Privilegien mit der gleichen Sorgfalt wie bei der Bearbeitung durch eine Behörde erfolgt. [4]

Die „zulassungspflichtige" Betriebskategorie

Die zulassungspflichtige Kategorie stellt Betriebe mit dem höchsten Risiko dar. Dazu zählen das Überfliegen von Menschenansammlungen zum Beispiel in Stadien oder der Transport von Personen wie Ärzten zu einer Unfallstelle. Da für die Beantragung eines zulassungspflichtigen Betriebes derzeit noch die gesetzlichen Voraussetzungen fehlen, sei diese Kategorie an dieser Stelle lediglich erwähnt.

Abb. 3: Drohnentaxis fallen in die zulassungspflichtige Kategorie (Quelle: Nico Ninov)

Einordnung des BOS-Betriebs

Obgleich mit dem „Vertrag über die Arbeitsweise der Europäischen Union (AEUV)“ [3] die Kompetenz an die Europäische Union übertragen wurde, geeignete Vorschriften für die Luftfahrt zu erlassen, bedeutet dies nicht, dass dies auf alle Bereiche zutrifft. In der europäischen Grundverordnung 2018/1139 zur Festlegung gemeinsamer Vorschriften für die Zivilluftfahrt [5] sind in Artikel 2 Absatz 3 a) Ausnahmen aufgeführt, wonach Luftfahrzeuge und deren Betrieb im Dienste für Militär, Polizei, Such- und Rettungsdienste, Brandbekämpfung, Grenzkontrolle und Küstenwache zunächst einmal von den europäischen Regelungen ausgenommen sind. Dies sind klassischerweise Anwendungsfälle, die die staatliche Souveränität betreffen. Das bedeutet, dass europäisches Recht in diesen Bereichen nicht zur Anwendung kommt. Es sei denn, der Mitgliedstaat entscheidet sich dafür, dass die Vorschriften für alle oder Teile der in Artikel 2 Absatz 3 a) aufgeführten Tätigkeiten zur Anwendung kommen sollen (vgl. Artikel 2 Abs. 6 VO (EU) 2018/1139).

Deutschland

Deutschland hat sich dagegen entschieden, von einem sogenannten Opt-In Gebrauch zu machen. Das heißt, dass Behörden und Organisationen mit Sicherheitsaufgaben (BOS) von den zuvor beschriebenen Regelungen zunächst einmal befreit sind. Allerdings trifft diese Aussage nur bedingt zu. Denn in Artikel 2 Absatz 3 heißt es im Anschluss

Abb. 4: Handelsübliche DJI-Drohne mit hochauflösender Zoom-Kamera, die bei einer Bundesbehörde eingesetzt wird (Quelle: Nico Ninov)

an die Aufzählung der Ausnahmen, dass die Mitgliedstaaten sicherstellen müssen, dass „die Sicherheitsziele der [...] Verordnung [...] angemessen berücksichtigt werden". Demnach müssen die Mitgliedstaaten dafür Sorge tragen, dass der Betrieb von UAS durch BOS mindestens auf demselben Sicherheitsniveau erfolgt wie UAS-Betriebe, die nicht durch BOS durchgeführt werden. Das hängt zum einen damit zusammen, dass durch den Betrieb von BOS-UAS niemand zu Schaden kommen soll. Zum anderen wird der Tatsache Rechnung getragen, dass auch BOS-UAS Teilnehmer am Luftverkehr sind und andere Verkehrsteilnehmer daher ein entsprechendes Verhalten erwarten; insbesondere dann, wenn für einen Dritten nicht ersichtlich ist, ob es sich um ein reguläres UAS oder ein BOS-UAS handelt.

Es empfiehlt sich daher, sich grundsätzlich an die rechtlichen Vorgaben zu halten und nur in Ausnahmefällen davon abzuweichen.

Österreich

In Österreich wurde entschieden, dass der Betrieb von unbemannten Luftfahrzeugen „für den Such- und Rettungsdienst, im Dienst der Brandbekämpfung und der Katastrophenhilfe sowie für Tätigkeiten oder Dienste für den Zoll" den europäischen Bestimmungen unterliegen soll (vgl. § 24j Abs. 1 LFG) [6]. Lediglich die Polizei ist hiervon ausgenommen.

Schweiz

In der Schweiz gelten die EU-Rechtsvorschriften seit dem 01.01.2023. Von den europäischen Regelungen ausgenommen sind gemäß Artikel 2(2) LFV Luftfahrzeuge im Militär-, Zoll- oder Polizeidienst [7]. Darüber hinaus hatte die Schweizerische Zivilluftfahrtbehörde (BAZL) im Hinblick auf die Anpassung der gesetzlichen Grundlagen den Betrieb von UAS durch Blaulichtorganisationen von den Regelungen mit Ausnahme der Registrierungspflicht befreit. In Zukunft müssen sich Blaulichtorganisationen an neue Schulungs- und Betriebsanforderungen halten, wozu auch die Durchführung einer Risikoanalyse bei komplexeren Missionen zählt. Die entsprechenden Regelungen hierzu befinden sich noch in der Ausarbeitung.

1.1.2 Nationales Recht

Obwohl die europäischen Durchführungsverordnungen in den jeweiligen Mitgliedstaaten unmittelbar zur Anwendung kommen, müssen auch auf nationaler Ebene einige Aspekte wie zum Beispiel die der Zuständigkeiten geregelt werden.

Deutschland

In Deutschland finden sich entsprechende Regelungen zu unbemannten Luftfahrzeugen unter anderem im Luftverkehrsgesetz (LuftVG) und in der Luftverkehrs-Ordnung (LuftVO). Aufgrund des Wirksamwerdens der EU-Regelungen mussten die bisher geltenden Vorschriften angepasst werden. Die Novellierung des Rechtsrahmens für unbemannte Luftfahrzeuge erfolgte im Juni 2021 und umfasste unter anderem die Festlegung von Zuständigkeiten, die Registrierung von UAS-Betreibern sowie die Festlegung geografischer UAS-Gebiete. Artikel 15 der DVO (EU) 2019/947 räumt den Mitgliedstaaten die Möglichkeit zur Festlegung sogenannter geografischer UAS-Gebiete aus Gründen der Sicherheit und Gefahrenabwehr, des Schutzes der Privatsphäre oder der Umwelt ein. Diese sind auf nationaler Ebene in § 21h Abs. 3 LuftVO [8] geregelt. So ist zum Beispiel der Betrieb „über und innerhalb eines seitlichen Abstands von 100 Metern von Unfallorten und Einsatzorten von Behörden und Organisationen mit Sicherheitsaufgaben“ in der offenen und speziellen Kategorie nur zulässig, „wenn der zuständige Einsatzleiter dem Betrieb zustimmt“ (§ 21h Abs. 3 Nr. 11 LuftVO).

Auch auf nationaler Ebene wurden Ausnahmen für den Betrieb von unbemannten Luftfahrzeugen durch Behörden und Organisationen mit Sicherheitsaufgaben (BOS) festgelegt und im § 21k LuftVO geregelt. Demnach wird noch einmal festgestellt, dass BOS keiner Betriebsgenehmigung gemäß Artikel 12 der EU-DVO 2019/947 bedürfen (§ 21k Abs. 1 LuftVO). Darüber hinaus unterliegt der Betrieb von UAS nicht den §§ 21h und 21i, weshalb BOS ihre UAS auch in geografischen UAS-Gebieten betreiben dürfen, ohne dass es einer Ausnahmegenehmigung durch die zuständige Luftfahrtbehörde bedarf.

Weitere Ausnahmen ergeben sich für die Haftpflichtversicherung für Personen- und Sachschäden. UAS-Betreiber sind grundsätzlich zum Abschluss einer entsprechenden Versicherung verpflichtet und müssen während des Betriebs einen entsprechenden Nachweis mitführen. Die gesetzlich geforderte Mindestdeckung in Deutschland und Österreich entspricht ca. einer Million Euro. In der Schweiz sind es eine Million Schweizer Franken.

Die meisten Behörden haben je nach Größe jedoch auch interne Versicherungskonzepte oder werden, wie bei der Feuerwehr, sogar durch eine (Gebäude-)Versicherung mitgetragen, weshalb der Abschluss einer zusätzlichen Haftpflichtversicherung nicht mehr notwendig ist. Die jeweilige behördliche Organisation kann in Schadenfällen mit dem eigenen Vermögen haften.

Obgleich die EU wie auch der Mitgliedstaat entsprechende Ausnahmen ermöglichen, um dem besonderen Aufgabenbereich der BOS Rechnung zu tragen, ist der Mitgliedstaat dennoch angehalten, die Sicherheitsziele der EU angemessen zu berücksichtigen. Dies spielt insofern eine wesentliche Rolle, da sich neben BOS auch andere Verkehrsteilnehmer im Luftraum bewegen können und daher gegenseitige Rücksichtnahme geboten ist. Es wird empfohlen, sich so weit wie möglich an den europäischen Rechtsrahmen zu halten. Hierzu zählen etwa der Einsatz EU-rechtskonformer UAS, die für Fernpiloten geforderten Kompetenznachweise und Zeugnisse sowie festgelegte Verfahren für den Betrieb von UAS zum Schutze der Einsatzkräfte und unbeteiligter Dritter.

Auch die Kennzeichnung der Drohne mit einer Registriernummer, welche vom Luftfahrtbundesamt vergeben wird, muss eingehalten werden. Dazu muss sich die jeweilige Feuerwehr als Betreiber beim

Abb. 5: Drohne nach einem Absturz mit ausgebranntem Akku (Quelle: Nico Ninov)

Luftfahrtbundesamt registrieren und anstelle eines Handelsregisterauszugs oder des Personalnachweises, wie es bei juristischen oder natürlichen Personen gefordert ist, lediglich ein offizielles Schreiben einer berechtigten Person hochladen, die über das Internet identifiziert und zugeordnet werden kann. Jede Organisation des Bundes und der Länder ist zudem gemäß § 43 Absatz 2 Satz 2 LuftVG [9] von der Haftpflichtversicherungspflicht befreit. Diese Organisationen können anstelle einer Versicherungsnummer bei der Registrierung auf der Seite des Luftfahrtbundesamts „Selbstversicherer Bund“ bzw. „Selbstversicherer Land“ angeben.

Um diesen und weiteren Anforderungen an den BOS-Betrieb Rechnung zu tragen, hat das Bundesamt für Bevölkerungsschutz und Katastrophenhilfe (BBK) im Jahr 2019 „Empfehlungen für Gemeinsame Regelungen zum Einsatz von Drohnen im Bevölkerungsschutz“ veröffentlicht, um „einen standardisierten und sicheren Betrieb von unbemannten Fluggeräten durch oder unter Aufsicht von BOS zu gewährleisten“ [10].

Österreich

Im österreichischen Luftfahrtgesetz (LFG) [6] sind die Regelungen zu den unbemannten Luftfahrzeugen wie etwa Zuständigkeiten oder Versicherungspflicht in Abschnitt 4 zu finden. In § 24j Abs. 2 LFG wird dargelegt, dass das Bundesministerium für Klimaschutz, Umwelt, Energie, Mobilität, Innovation und Technologie geografische UAS-Gebiete nach Artikel 15 DVO (EU) 2019/947 festlegen kann. Auf der Dronespace-Website [11], die von der österreichischen Luftfahrtagentur Austro Control betrieben wird, können sich UAS-Betreiber über etwaige geografische UAS-Gebiete informieren.

Abb. 6: A1/A3 EU-Kompetenznachweis und A2-EU-Fernpilotenzeugnis im Scheckkartenformat (Quelle: Nico Ninov)

Für den Betrieb von BOS-Drohnen hat der Österreichische Bundesfeuerwehrverband (ÖBFV) Unterlagen erstellt, die den Einsatzorganisationen Hilfestellungen beim Einsatz von UAS liefern sollen. Diese umfassen unter anderem einen Überblick über die rechtlichen Gegebenheiten in den jeweiligen Betriebskategorien, einen Stufenplan für die Fernpilotenausbildung, Formulare für Flugbetrieb und Wartung sowie Notfall-Checklisten. [12]

Darüber hinaus bieten Versicherungsdienstleister in Österreich spezielle Drohnenversicherungen an, die explizit auf den Betrieb in der Feuerwehr ausgerichtet sind. [13]

■ Schweiz

In der Schweiz ist der Einsatz von Drohnen bei Behörden und Organisationen für Rettung und Sicherheit (BORS) bzw. Blaulichtorganisationen ebenfalls gesetzlich geregelt. Die wichtigsten Bestimmungen sind im Luftfahrtgesetz (LFG) und in der Luftfahrtverordnung (LFV) festgelegt.

Gemäß der Luftfahrtverordnung dürfen Drohnen nur von ausgebildeten Piloten betrieben werden, die eine entsprechende Bewilligung der Schweizerischen Zivilluftfahrtbehörde (BAZL) besitzen. Beispielsweise bei Feuerwehreinsätzen können jedoch auch Personen ohne eine solche Bewilligung Drohnen betreiben, sofern sie von einem ausgebildeten Piloten angeleitet werden.

Für den Betrieb von Drohnen im Rahmen von Feuerwehreinsätzen gelten zudem spezifische Bestimmungen. So muss die Drohne beispielsweise jederzeit in Sichtweite des Piloten betrieben werden. Auch darf die Drohne nicht höher als 120 Meter über Grund fliegen und muss einen Mindestabstand von 100 Metern zu Menschenansammlungen einhalten.

Darüber hinaus müssen die Feuerwehren die Persönlichkeitsrechte der betroffenen Personen beachten und dürfen nur Aufnahmen machen, die für den Einsatz relevant sind. Es ist auch wichtig, dass der Datenschutz eingehalten wird, insbesondere wenn Bilder und Videos von Unfallorten oder Brandstellen gemacht werden.

Geografische UAS-Gebiete sind in Artikel 27 und 28 der Verordnung des UVEK über Luftfahrzeuge besonderer Kategorien (VLK) geregelt [14]. So ist zum Beispiel der Betrieb über Vollzugseinrichtungen oder über militärischem Gebiet untersagt. Ebenso wie Deutschland und Österreich stellt auch die Schweiz die geografischen UAS-Gebiete grafisch in einer virtuellen Karte zur Verfügung [15]. Für den Betrieb unbemannter Luftfahrzeuge durch Blaulichtorganisationen innerhalb geografischer UAS-Gebiete wie Flugplätze, Kontrollzonen sowie Wildtierschutzgebieten ist eine Bewilligung bei der zuständigen Stelle einzuholen.

1.1.3 Wann gelten die Ausnahmen?

Ob eine Tätigkeit unter die Ausnahmeregelung fällt, muss vorab genau geprüft werden. Zunächst muss ermittelt werden, ob der Betrieb einer der in Artikel 2 Absatz 3 a) der VO (EU) 2018/1139 aufgeführten Tätigkeiten oder Dienste zugeordnet werden kann. Dies sind Tätigkeiten oder Dienste für

- das Militär (äußere Sicherheit),
- den Zoll,
- die Polizei (Bundespolizei, Landespolizei),
- Such- und Rettungsdienste (bodengebundene Notfallrettung, Luftrettung, Wasserrettung, Bergrettung etc.),
- die Brandbekämpfung (Berufsfeuerwehr, Freiwillige Feuerwehr),
- die Grenzkontrolle (Bundespolizei, Landespolizei, Zoll) und
- Küstenwache oder
- ähnliche Tätigkeiten oder Dienste.

Abb. 7: Einsatzfahrzeuge der Freiwilligen Feuerwehr Ausseramt in der Schweiz mit einem UAS-Trupp (Quelle: Nico Ninov)

Bei „ähnlichen Tätigkeiten oder Diensten" handelt sich um alle UAS-Anwendungen, die mit den zuvor ausdrücklich genannten hoheitlichen Anwendungen im Zusammenhang stehen. Darüber hinaus muss der Betrieb „im öffentlichen Interesse und von einer mit hoheitlichen Befugnissen ausgestatteten Stelle oder in deren Auftrag durchgeführt werden" (vgl. Art. 2(3)(a)[5]). Im Fall von Einsätzen der Berufsfeuerwehren und Freiwilligen Feuerwehren zur Brandbekämpfung ist die Einordnung eindeutig. Bei Rettungsdiensten hängt es davon ab, ob die Organisationen beliehen und ihnen damit die Befugnis zur Wahrnehmung hoheitlicher Aufgaben übertragen wurde.

Inwieweit Veranstaltungen wie „Tag der offenen Tür", Familien-Feuerwehrtag oder ähnliches ebenfalls unter die Ausnahmeregelungen fallen, ist nicht eindeutig geklärt.

Häufig finden derartige Veranstaltungen im Zusammenhang mit Vorführungen statt, bei denen zum Beispiel dargestellt wird, was passiert, wenn man versucht, einen Fettbrand mit Wasser zu löschen oder wie man in bestimmten Situationen Erste Hilfe leisten kann. Diese Anwendungen stehen zwar nicht im direkten Zusammenhang mit einer Brandbekämpfung oder einem Rettungseinsatz, dennoch kann argumentiert werden, dass sie Maßnahmen der Prävention (vorbeugender Brandschutz) und Sensibilisierung der Bevölkerung darstellen und daher den „ähnlichen Tätigkeiten oder Diensten" zugeordnet werden könnten. In dem Fall würden Vorführungen im Rahmen von Veranstaltungen ebenfalls unter die Ausnahmeregelungen fallen. Hier sollten die nationalen Regelungen in die Prüfung einbezogen werden, die entsprechend für Eindeutigkeit sorgen sollten.

Ergibt die Prüfung, dass Vorführungen im Rahmen von Veranstaltungen ebenfalls unter die Ausnahmeregelung fallen, ist das kein Freifahrtschein für willkürliche Drohnenflüge. Es entbindet lediglich von der Pflicht, eine zusätzliche Genehmigung einer Behörde einholen zu müssen. Insbesondere bei Veranstaltungen, die mit entsprechendem Vorlauf geplant werden können, hat der Betreiber ausreichend Zeit, den Betrieb hinreichend vorzubereiten. Dabei handelt es sich also nicht um einen Notfalleinsatz. Das heißt, der Betreiber muss sich ein Konzept für den Betrieb im Rahmen der Veranstaltung überlegen und dieses einer Risikobewertung unter Betrachtung des Boden- und Luftrisikos unterziehen. Hier sollte sich der Betreiber demnach an die Vorgaben der DVO (EU) 2019/947 [1] halten.

Abb. 8: Familienfeuerwehrtag mit Drohnenvorführungen (Quelle: Nico Ninov)

1.2 Sonstiges Recht

Je nach eingesetztem Drohnenmodell kann der Funktionsumfang erweitert werden, indem mittels Vorrichtungen Wärmebild-, Gas- oder Ultraschallsensoren sowie zusätzliche Kameras, Lautsprecher oder Leuchtmittel an den Drohnen befestigt werden. Insbesondere Kameras zur Erstellung von Film- und Fotoaufnahmen kommen im Rahmen von BOS-Einsätzen am häufigsten zum Einsatz.

Damit besteht die Möglichkeit, Personen zu erfassen und unter Umständen deren Persönlichkeitsrechte zu verletzen. Die Gefahr von Missbrauch der gesammelten Informationen, Daten, Fotos und Videos wird dabei gern unterschätzt.

1.2.1 Das Allgemeine Persönlichkeitsrecht

Die Persönlichkeit in all ihren Ausprägungen wird durch das Allgemeine Persönlichkeitsrecht (APR) geschützt, welches sich aus Artikel 2 Absatz 1 (Recht auf freie Entfaltung seiner Persönlichkeit) in Verbindung mit Artikel 1 Absatz 1 (Würde des Menschen) Grundgesetz (GG) [16] ableiten lässt. Es handelt sich um ein Grundrecht. Grundrechte stehen über allen anderen Gesetzen und regeln die Rechte der Bürgerinnen und Bürger gegenüber dem Staat [17]. Sie sind also vor dem hoheitlichen Eingriff besonders geschützt. Um zu bestimmen, inwieweit ein hoheitlicher Eingriff gerechtfertigt ist (Rechtsgüterabwägung), wurde in der Rechtsprechung das sogenannte Sphärenmodell [18] entwickelt, welches in drei Schutzbereiche unterteilt wird: die Sozial- und Öffentlichkeitssphäre, die Privatsphäre und die Intimsphäre. Dabei stellen die Intim- und Privatsphäre die besonders schützenswerten Bereiche dar. Sie umfassen die eigene Gedankenwelt und das private häusliche und familiäre Umfeld. Sobald sich eine Person in öffentlichen Bereichen aufhält, bewegt sie sich in der Sozialsphäre. Dieser Bereich genießt einen deutlich schwächeren Schutz. Das bedeutet, dass es im Rahmen einer Suchaktion durchaus gerechtfertigt ist, mittels einer Drohne Videoaufnahmen anzufertigen und dabei Personen aufzuzeichnen. In dem Fall wird die Rettung einer Person als höherwertiger eingestuft als das Persönlichkeitsrecht Einzelner.

1.2.2 Das Recht am eigenen Bild

Das Recht am eigenen Bild stellt eine besondere Ausprägung des allgemeinen Persönlichkeitsrechts dar. Nach § 22 des Kunsturheberrechtsgesetzes (KunstUrhG) [19] dürfen Bildnisse von Personen nur mit deren Einwilligung verbreitet oder veröffentlicht werden. Dabei handelt es sich um nicht verpixelte Bildnisse, auf denen zweifelsfrei die abgebildeten Personen erkannt werden können.

Ausnahmen umfassen gemäß § 23 Abs. 1 KunstUrhG

- Bildnisse aus dem Bereich der Zeitgeschichte
- Bilder, auf denen die Personen nur als Beiwerk neben einer Landschaft oder sonstigen Örtlichkeit erscheinen
- Bilder von Straßenumzügen, Versammlungen oder ähnlichen Vorgängen in der Öffentlichkeit
- Bildnisse, deren Verbreitung oder Zurschaustellung einem höheren Interesse der Kunst dient

Darüber hinaus regelt § 24 KunstUrhG, dass zum Zwecke der öffentlichen Sicherheit Behörden berechtigt sind, dass „Bildnisse ohne Einwilligung des Berechtigten sowie des Abgebildeten oder seiner Angehörigen vervielfältigt, verbreitet und öffentlich zur Schau gestellt werden“ dürfen. Die Betonung liegt hierbei allerdings auf dem Zweck der öffentlichen Sicherheit.

Abb. 9: Beispiel einer Darstellung, bei der Personen um Erlaubnis gefragt werden müssten (Quelle: Nico Ninov)

Abb. 10: Beispiel einer Darstellung eines Panoramas mit Personen als „Beiwerk" (Quelle: Nico Ninov)

1.2.3 Der Datenschutz

Der Datenschutz stellt ebenfalls ein Grundrecht der Bürgerinnen und Bürger dar. Dahinter verbirgt sich das Recht eines jeden, selbst darüber zu entscheiden, wem welche Daten von sich zu welchem Zweck preisgegeben werden. Man spricht in dem Fall vom Recht auf informationelle Selbstbestimmung.

In der Europäischen Union wurde 2018 die Datenschutz-Grundverordnung (DSGVO) [20] gültig. Ergänzt wird diese in Deutschland durch das Bundesdatenschutzgesetz (BDSG) [21], in Österreich durch das Datenschutzgesetz (DSG) [22].

Im Schweizer Recht finden sich die Regelungen zum Datenschutz in Artikel 13 der Bundesverfassung, dem Bundesgesetz über den Datenschutz (DSG), der Verordnung zum Bundesgesetz über den Datenschutz (VDSG) sowie in Artikel 28 bis 28l Zivilgesetzbuches (ZGB) [23].

■ Das Recht auf informationelle Selbstbestimmung

Beim Recht auf informationelle Selbstbestimmung geht es grundsätzlich darum, selbst zu entscheiden, welche personenbezogenen Daten bekannt werden und wer sie verwenden darf [24]. Zu den personenbezogenen Daten zählen sämtliche Daten, die sich einer natürlichen Person zuordnen lassen und diese so identifizierbar machen. Hierzu zählen üblicherweise Name, Alter, E-Mail-Adresse, Post-Adresse, Telefonnummer, Anzahl der Familienmitglieder, Glaube, Gesundheit oder Einkommens- und Vermögensverhältnisse [25].

Die Datenschutz-Grundverordnung (DSGVO)

In der Europäischen Union richtet sich die Zulässigkeit der Erhebung und Verwendung personenbezogener Daten nach der Datenschutz-Grundverordnung (DSGVO) [20].

Nach Art. 4 Nr. 1 DSGVO sind personenbezogene Daten alle Informationen, die sich auf eine identifizierte oder identifizierbare Person beziehen. Die DSGVO findet keine Anwendung, wenn die Verarbeitung personenbezogener Daten durch natürliche Personen erfolgt und rein familiärer oder persönlicher Natur ist.

Der Begriff „Verarbeitung" von Daten nach Art. 4 Nr. 2 DSGVO umfasst das Erheben, das Erfassen, die Organisation, das Ordnen, die Speicherung, die Anpassung oder Veränderung, das Auslesen, das Abfragen, die Verwendung, die Offenlegung durch Übermittlung, Verbreitung oder Bereitstellung, den Abgleich oder die Verknüpfung sowie das Löschen oder die Vernichtung von Daten.

Bereits die bloße Aufnahme ohne Speicherung z.B. zur Navigation einer Drohne, wie bei der visuellen Odometrie oder beim „Active Track Modus", fällt ebenfalls unter die DSGVO, wenn die Personen identifizierbar sind und damit personenbezogene Daten erhoben werden.

Zulässig ist die Verarbeitung personenbezogener Daten nur, wenn sie unter die in Art. 6 Abs. 1 DSGVO aufgeführten Tatbestände fällt:

1. Die betroffene Person hat ihre Einwilligung zu der Verarbeitung gegeben.
2. Die Verarbeitung ist für die Erfüllung eines Vertrages mit der betroffenen Person erforderlich.
3. Die Verarbeitung ist zur Erfüllung einer rechtlichen Verpflichtung des Verantwortlichen erforderlich.
4. Die Verarbeitung ist erforderlich, um lebenswichtige Interessen der betroffenen Person oder einer anderen natürlichen Person zu schützen.
5. Die Verarbeitung erfolgt im öffentlichen Interesse oder in Ausübung öffentlicher Gewalt.
6. Die Verarbeitung wahrt die berechtigten Interessen des Verantwortlichen.

Grundsätzlich gilt: Ist die DSGVO anwendbar, so herrscht das Prinzip des „Datensparens". Die Verarbeitung personenbezogener Daten erfolgt also nur, wie sie dem Zweck angemessen ist und wird für die Zwecke der Verarbeitung auf ein notwendiges Maß beschränkt.

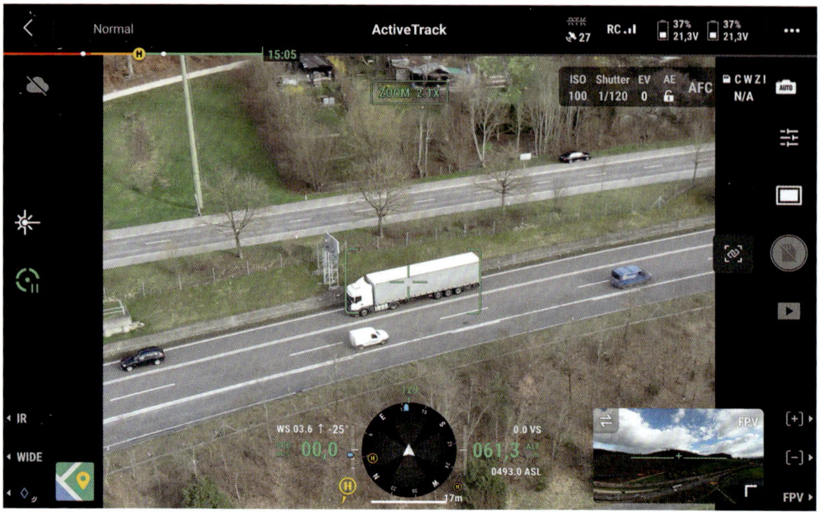

Abb. 11: Bildschirm der DJI-Fernsteuerung mit Active-Track Funktion einer Drohne (Quelle: Nico Ninov)

■ Das Bundesdatenschutzgesetz (BDSG)

Das Bundesdatenschutzgesetz ist eine Ergänzung zur europäischen Datenschutz-Grundverordnung und regelt insbesondere jene Bereiche, in denen die EU-Verordnung den jeweiligen Mitgliedstaaten Gestaltungsspielräume lässt [26].

§ 4 BDSG [21] regelt die Zulässigkeit von Maßnahmen zur Videoüberwachung öffentlich zugänglicher Räume. Bei Videoüberwachungen von öffentlich zugänglichen großflächigen Anlagen steht der Schutz von Leben, Gesundheit, oder Freiheit der sich dort aufhaltenden Personen im Vordergrund. Wird beispielsweise regelmäßig dasselbe Gebiet mit einem unbemannten Luftfahrzeug beflogen und mittels einer Kamera aufgezeichnet, kann es sich dabei um eine Beobachtung im Sinne des BDSG handeln. Werden die aufgezeichneten Daten nicht mehr benötigt, etwa weil der Zweck erreicht wurde, müssen die Daten unverzüglich gelöscht werden.

1.2.4 Das Urheberrecht

Der Herstellung und Nutzung von Luftaufnahmen kann auch das Urheberrecht entgegenstehen; zum Beispiel, wenn urheberrechtlich geschützte Gegenstände abgebildet werden.

Der urheberrechtliche Schutz von Werken der Baukunst

Wichtig für den Bereich der Drohnenflüge sind insbesondere „Werke der Baukunst" i.S.v. § 2 Abs. 1 Nr. 4 Urheberrechtsgesetz (UrhG) [27]. Darunter können Einfamilienhäuser, Fabrikbauten, Geschäftshäuser, Kirchen, Museen, Brücken, Denkmäler, Plätze, Gartenanlagen etc. fallen.

Bereits jede Anfertigung einer auf einem Speichermedium fixierten Aufnahme, wobei die Speicherung nicht zwingend dauerhaft sein muss, stellt eine allein dem Urheber vorbehaltene Vervielfältigung dar (vgl. § 16 UrhG).

Geschützte Bauwerke als „unwesentliches Beiwerk"

Nach § 57 UrhG ist die Vervielfältigung, Verbreitung und öffentliche Wiedergabe von Aufnahmen urheberrechtlicher Werke dann zulässig, wenn das Werk als unwesentliches Beiwerk neben dem eigentlichen Gegenstand der Aufnahme anzusehen ist.

Die sogenannte „Panoramafreiheit"

Nach § 59 Abs. 1 UrhG besagt die sogenannte „Panoramafreiheit", dass die Vervielfältigung, Verbreitung und öffentliche Wiedergabe von Werken, die sich bleibend an öffentlichen, Wegen, Plätzen, Straßen befinden, zulässig ist.

Gerichte gehen bis heute davon aus, dass von UAS hergestellte Aufnahmen nicht unter die „Panoramafreiheit" fallen.

Laut einer neuen Gerichtsentscheidung widerspricht die bisherige Auslegung des § 59 UrhG dem Europarecht. Entscheidend für die Zulässigkeit einer Aufnahme aufgrund der „Panoramafreiheit" ist nach dieser Entscheidung einzig und allein, dass sich das geschützte Werk an einem öffentlichen Ort befindet. Von welchem Punkt aus die Aufnahme hergestellt wurde, ist danach irrelevant.

Der Schutz von eigenen Luftaufnahmen durch das Urheberrecht

Selbst erstellte Fotos oder Videos, die von UAS-Kameras aufgenommen wurden, sind ebenfalls vor unbefugter Vervielfältigung, Verbreitung und öffentlicher Wiedergabe geschützt (§ 2 Abs. 1 Nr. 5 und Nr. 6 UrhG).

Die Frage, wer als Urheber anzusehen und damit Rechteinhaber ist, könnte sich als Herausforderung erweisen, wenn mehrere Personen an der Aufnahme mitwirken.

Nach § 8 Abs. 1 UrhG sind mehrere Personen, die ein Werk gemeinsam geschaffen haben, ohne dass sich ihre Anteile gesondert verwerten lassen, als Miturheber des Werkes anzusehen. Daraus folgt, dass die Rechte und damit Nutzungsbefugnisse an dem Werk allen Miturhebern gemeinsam zustehen. Das gilt auch für die Erlöse des Werkes.

1.2.5 Fazit

Grundsätzlich müssen alle Aufnahmen von Personen, die während einer Übung oder einem Einsatz entstanden sind, nach den oben aufgeführten Richtlinien und Verordnungen geprüft werden. Es kann vorkommen, dass bestimmte Aufnahmen auch intern nicht zu Schulungs- und Weiterbildungszwecken verwendet werden können. Bei der Veröffentlichung auf der eigenen Webseite der Behörde oder Organisation ist besondere Vorsicht geboten, da diese von jedermann einsehbar ist und sehr lange Zeit im Internet gespeichert bleibt, auch wenn der Seitenbetreiber sie längst gelöscht hat.

1.3 Gesetzlicher Gesundheits- und Arbeitsschutz

Das Arbeitsschutzgesetz (ArbSchG) soll dazu dienen „Sicherheit und Gesundheitsschutz der Beschäftigten bei der Arbeit durch Maßnahmen des Arbeitsschutzes zu sichern und zu verbessern“ (§ 1 Abs. 1 ArbSchG) [28]. Dies schließt auch Beschäftigte des öffentlichen Dienstes ein. Der Arbeitgeber ist verpflichtet, eine Gefährdungsbeurteilung der Arbeitsbedingungen durchzuführen und entsprechende Maßnahmen zum Arbeitsschutz festzulegen (§ 5 ArbSchG). Darüber hinaus müssen Arbeitgeber zu entsprechenden Anlässen Arbeitsschutzunterweisungen durchführen.

Für Personen im Freiwilligendienst kommt das Arbeitsschutzgesetz nicht unmittelbar zur Anwendung, da es sich hierbei nicht um klassische Anstellungsverhältnisse handelt. Jedoch hat die Deutsche Gesetzliche Unfallversicherung (DGUV) Vorschriften veröffentlicht, die es zu beachten gilt [29].

Bei der Nutzung von Drohnen in der Rettung und Brandbekämpfung müssen einige wichtige Sicherheitsmaßnahmen ergriffen und Arbeitsschutzbestimmungen berücksichtigt werden, um die Sicherheit von Einsatzkräften, Zuschauern und anderen Beteiligten zu gewährleisten.

Im Folgenden sind einige Punkte aufgeführt, die beachtet werden sollten:

■ Gefährdungsbeurteilung

Bevor eine Drohne zum Einsatz kommt, sollte eine Gefährdungsbeurteilung durchgeführt werden, um potenzielle Gefahren und Risiken zu identifizieren und entsprechende Maßnahmen zu ergreifen, um diese

Abb. 12: Abgesperrter Bodenbereich beim Einsatz einer Drohne der Feuerwehr (Quelle: Nico Ninov)

zu minimieren. Hierzu zählen allgemeine Gefährdungen im Umgang mit Drohnen (z.B. durch Kontakt mit Rotoren) oder einsatzbezogene Gefährdungen (z.B. durch Wind). Darüber hinaus sollten unbedingt Sicherheitshinweise des Drohnenherstellers beachtet werden [30].

■ Schulung und Qualifikation

Grundsätzlich sollten nur qualifizierte und geschulte Personen Drohnen steuern und bedienen. Es ist wichtig, dass die beteiligten Einsatzkräfte über eine entsprechende Ausbildung und Erfahrung im Umgang mit Drohnen verfügen. Dazu zählt, dass Unterweisungen in mögliche Gefahren und Fehlbeanspruchungen durchzuführen sind, um Unfällen und Gesundheitsgefahren vorzubeugen. Die Unterweisungen sind mindestens einmal jährlich zu wiederholen.

Darüber hinaus muss das gesetzlich vorgeschriebene Mindestalter der Fernpiloten beachtet werden.

■ Wartung und Inspektion

Drohnen müssen regelmäßig gewartet und inspiziert werden, um sicherzustellen, dass sie in einwandfreiem Zustand sind und ordnungsgemäß funktionieren. Dabei sollten die Hinweise des Herstellers beachtet werden. Der Einsatz schadhafter Geräte ist nicht zulässig.

■ Flugbeschränkungen

Es müssen alle Flugbeschränkungen und Vorschriften der Luftfahrtbehörden eingehalten werden, um Kollisionen mit anderen Flugzeugen oder Drohnen zu vermeiden.

Durch die Einhaltung dieser Sicherheitsmaßnahmen und Arbeitsschutzbestimmungen können die Risiken und Gefahren im Zusammenhang mit der Verwendung von Drohnen minimiert und ein sicherer und verantwortungsvoller Einsatz gewährleistet werden.

2 Vorbereitung

2.1 Unterstützung bei der Entscheidungsfindung

Die für den jeweiligen Einsatz passenden Drohnen können, richtig eingesetzt, einen großen Mehrwert für Einsatzkräfte erzeugen. Sei es in der Personensuche, Brandbekämpfung, Überwachung oder zu Zwecken der Ersthilfe. Die Anwendungsmöglichkeiten sind vielfältig. Doch bevor die Entscheidung zur Nutzung unbemannter Luftfahrzeuge getroffen werden kann, sollte der mögliche Nutzen dem Aufwand gegenüber abgewogen werden. Hierbei gibt es einiges zu beachten und entsprechende Vorkehrungen zu treffen. Im Folgenden sind einige Aspekte aufgeführt, die bei der Entscheidungsfindung unterstützen können.

■ Für welche Anwendungsfälle soll das Einsatzmittel Drohne genutzt werden?

Sollen Drohnen als standardmäßiges Einsatzmittel eingebunden werden oder sollen sie nur bei Bedarf, zum Beispiel im Fall von Großschadensereignissen, zum Einsatz kommen? Hierbei erweist sich eine Analyse von früheren unterstützenden Drohneneinsätzen als sehr nützlich.

■ Welche Alternativen zur Drohne gibt es?

Wie wurden die zuvor identifizierten Anwendungsbereiche bislang gelöst? War die Lösung ausreichend oder fehlte etwas? Ein Beispiel aus der Brandbekämpfung wäre der Aspekt der Lageübersicht.

Abb. 13: Lageübersicht per Drohne eines Verkehrsunfalls in der Innenstadt mit Zuschauern hinter einer Absperrung (Quelle: Nico Ninov)

Bisher wurde häufig eine Drehleiter eingesetzt, um sich bei einem Brandgeschehen einen Überblick zu verschaffen. Wie fällt die Bewertung der Wirksamkeit des bisherigen Mittels aus?

■ Ist ausreichend Personal für den Umgang mit Drohnen vorhanden?

Der Einsatz von Drohnen erfordert spezielle Kenntnisse. Neben der Ausbildung, die zum Betrieb von UAS befähigen, sind regelmäßige Fortbildungen und eine ausreichende Flugerfahrung essenziell. Die Frage ist daher, ob in der Organisation ausreichend Personen zur Verfügung stehen, die die entsprechenden Rollen einnehmen können. Insbesondere wenn größere Drohnenteams mit unterschiedlichen Funktionen zum Einsatz kommen sollen, steht die Frage im Vordergrund, ob diese auch besetzt werden können.

Wie kann die Ausbildung des Drohnenteams gestaltet werden?

Sollten in der Organisation selbst keine Strukturen für die Ausbildung des Drohnenpersonals vorhanden sein, ist zu klären, welche Alternativen es hierzu gibt. So können Kooperationen mit anderen Organisationen geschlossen oder das Angebot von Drittanbietern genutzt werden. Wichtig ist in jedem Fall, dass im Rahmen von Übungen auch der Einsatz der Drohnen ausgiebig betrachtet wird. Hier geht es neben dem Einüben von Abläufen insbesondere auch um die Kommunikation zwischen den Einsatzkräften, die erprobt werden muss.

Abb. 14: Ausbildung einer behördlichen Organisation (Quelle: Nico Ninov)

Steht Budget für das Einsatzmittel Drohne zur Verfügung?

Mit der Anschaffung der Fluggeräte allein ist es häufig nicht getan. Kosten fallen außerdem für Zubehör (Spezialkameras, Sensorik, Ersatz-Akkus etc.), Haftpflichtversicherung oder Ausbildung an.

Können die rechtlichen Auflagen erfüllt werden?

Auch wenn Behörden und Organisationen mit Sicherheitsaufgaben eine besondere Stellung einnehmen, gilt weiterhin der Grundsatz, dass die Sicherheitsziele der europäischen Verordnungen angemessen berücksichtig werden müssen (vgl. Art. 2(3) VO (EU) 2018/1139). Organisationen sollten daher für ihren geplanten UAS-Betrieb ein Betriebskonzept anfertigen und eine entsprechende Risikobewertung durchführen. Die Qualität der Dokumente sollte dabei so beschaffen sein, dass eine Luftfahrtbehörde den Betrieb genehmigen würde.

Die Zeit, sich vorab mit den zuvor aufgeführten Fragestellungen auseinander zu setzen, stellt nicht nur eine gute Investition dar, um eine wohlüberlegte Entscheidung über den Einsatz von UAS zu treffen, sondern hilft darüber hinaus im weiteren Prozess der Anschaffung und Wartung von Fluggeräten sowie Ausbildung der Fernpiloten.

Ist sich die Organisation darüber im Klaren, für welche Anwendungsfälle ein UAS zum Einsatz kommen soll, können auch die Anforderungen an das Fluggerät und Zubehör festgelegt werden. Die Auswahl an für den BOS-Einsatz geeigneten Drohnen wächst zunehmend. Im Folgenden haben wir uns auf diejenigen Fluggeräte sowie deren Zubehör beschränkt, zu denen uns Erkenntnisse hinsichtlich Funktionen und Umgang aus eigenen Erfahrungen sowie aus Interviews mit Einsatzkräften vorliegen.

Abb. 15: Praktische Ausbildung im Lehrer- (rechts) und Schüler- (links) betrieb mit zwei Fernsteuerungen (Quelle: Nico Ninov)

2.2 Auswahl der Fluggeräte und des Zubehörs

Die Darstellungen und Beschreibungen verschiedener Fluggeräte und deren Zubehör in diesem Buch sollen einen Einblick in die rasch fortschreitende Technologie in der Drohnenbranche bieten. Dabei handelt es sich nicht um konkrete Kaufempfehlungen, sondern vielmehr sollen Eigenschaften aufgezeigt werden, die sich in den letzten Jahren als effizient und erfolgreich für Drohneneinheiten in einer BOS erwiesen haben.

Einige grundlegende Funktionen, die für alle Drohnen gelten, werden nicht ausführlich behandelt. Dies beinhaltet die Fähigkeit einer Drohne, mittels eines GPS-Systems ohne Einwirken des Bedieners an einer bestimmten Position in der Luft zu bleiben, bis der Akku einen vordefinierten Bereich erreicht hat, um automatisch zum Startpunkt zurückzukehren und zu landen. Darüber hinaus werden in diesem Buch nur Multirotorsysteme und keine „Starrflügler" oder andere hybride UAS betrachtet, da Multirotorsysteme aufgrund ihrer Flexibilität, Portabilität und Einsatzbereitschaft für die beschriebenen Einsatzszenarien deutliche Vorteile bieten und sich in der Vergangenheit bewährt haben.

Die Handhabung, Aufladung und Entsorgung von Akkus sowie das vom Hersteller und von Einsatzkräften empfohlene Wartungsmanagement werden in einem eigenen Abschnitt für bessere Lesbarkeit erläutert.

Für die folgenden BOS-Drohnen-Profile wurden bestimmte Merkmale ausgewählt, die sich in den meisten Einsatzszenarien als hilfreich erwiesen haben.

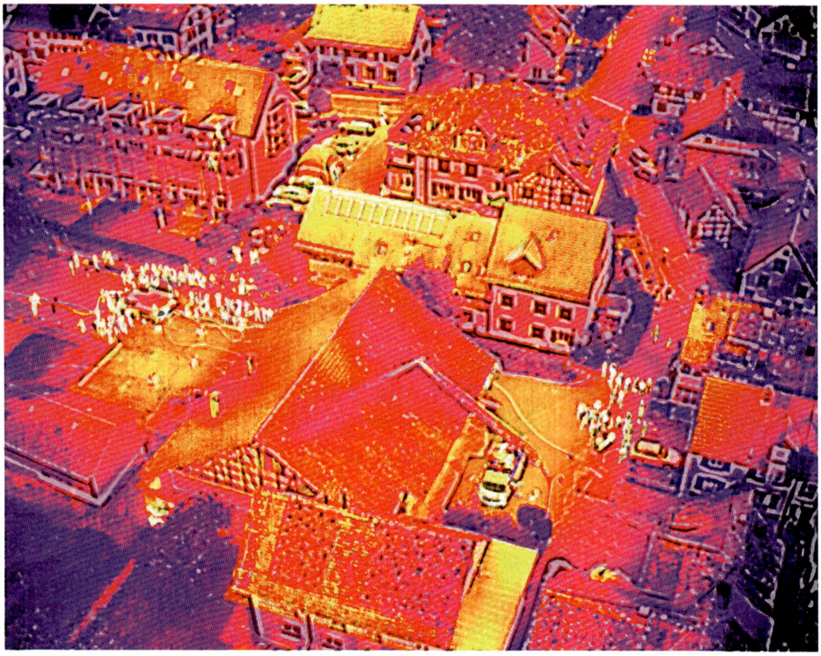

Abb. 16: Wärmebildkamera-Darstellung einer Feuerwehrübung (Quelle: Nico Ninov)

Dazu gehört das Vorhandensein einer Wärmebildkamera, die nicht nur bei der Suche nach Glutnestern oder Personen hilfreich ist, sondern auch den Einsatzzeitraum eines Drohnenteams verdoppelt, da nur mit einer zusätzlichen Wärmebildkamera auch sicherer Nachtflug zusätzlich zu Einsätzen am Tag möglich ist.

- **Gewicht:** Maximales Abfluggewicht inklusive aller Zuladungen.
- **Flugzeit:** Beim Verweilen an einer Position (Hovern), ohne lange Distanzen zurücklegen zu müssen.
- **Redundanz:** Hauptprozessor, Sensoren oder mehr als 4 Rotoren.
- **Wetterfestigkeit:** Windfestigkeit und insbesondere Wasserschutz nach IP-Klassen für Einsätze bei Regen oder Schneefall.
- **BOS-Handling:** Verständlich aufgebautes System, leicht erreichbare Funktionen für BOS.
- **Spezialkamera(s)**
  Wärmebildkamera: Auflösung und Bilder pro Sekunde.
  Restlichtkamera: Auflösung und mindestens erforderliche Lichtstärke.
  Zoom: X-facher optischer Zoom (durch Objektive, kein Digitalzoom).

FPV-Kamera: Für den Betrieb mit einem Drohnensteuerer, der nach FPV-Kamera fliegt und einer weiteren Kamera oder Sensorik, die von einer weiteren Person gesteuert werden kann.
Sensorik: Weitere Geräte, wie z.B. ein Laser zur Entfernungsmessung.

- **Payload:** Wird vom Hersteller für das unbemannte Luftfahrzeug weiteres Zubehör angeboten, wie z.B. Leuchtmittel oder Lautsprecher?

Aufgrund von Empfehlungen aus Interviews mit Einsatzkräften und eigenen Erfahrungen mit den Systemen im Einsatz werden die folgenden Modelle im Folgenden vorgestellt:

- DJI Matrice 30T
- DJI Matrice 300 RTK
- DJI Mavic 2 Enterprise Advanced
- SwellPro SplashDrone 4
- YUNEEC H520E Set
- Autel EVO II Dual 640T
- Skydio X2D Thermal
- DJI Mavic 3 Enterprise Thermal
- Flyability Elios 3
- Fotokite Sigma

Steckbrief - Hersteller: DJI, Modell: Matrice 30T

Abb. 17: DJI Matrice 30T mit Standard-Zubehör (Quelle: DJI)

Hersteller: DJI	
Modell: Matrice 30T	
Gewicht	3780 g
Flugzeit	36 Minuten
Redundanz	2x IMU und 3x GNSS-Antennen, Dual-Akku-Betrieb
Wetterfestigkeit	IP 55 (Drohne und Controller) Max. Windböen: 15 m/s Betriebstemperatur: -20 °C bis 50 °C

BOS-Handling

Besonders wertvoll ist die Tatsache, dass man das Gerät auch mit Handschuhen bedienen kann. Die wichtigsten Funktionen sind außerdem auf Knöpfe und Stellräder verteilt, sodass man nicht unbedingt den Touchscreen des Controllers verwenden muss, was bei den meisten anderen Modellen außer dem Yuneec H520E der Fall ist. Die Fernsteuerung nutzt auch die deutlich verbesserte Pilot 2-App, die speziell für BOS und Rastersuche oder Flächenflüge eine sehr schnelle Planung ermöglicht. Wenn mehrere Drohnen eingesetzt werden, erleichtert die Kompatibilität mit der DJI-Software Flight Hub 2 den Betrieb. Diese

"Live-Übersicht" kann über eine sichere Internetverbindung auch an eine zentrale Leitstelle übertragen werden. Auf Wunsch kann die Leitstelle die Kamera auf Objekte auf der Karte ausrichten, ohne den Flug der Drohne zu beeinträchtigen, sofern der Drohnenpilot diese Funktion freischaltet.

■ Spezialkamera(s)

20-fach Zoom-Kamera: 1/2" CMOS-Sensor mit effektiver Auflösung von: 4k-Video und 48MP

Weitwinkelkamera: 1/2" CMOS-Sensor mit effektiver Auflösung von: 4k-Video und 12MP

Wärmebildkamera: 640x512@30fps mit ±2 °C Temperaturgenauigkeit

FPV-Kamera: 1920x1080@30fps und 161 Grad FOV

■ Payload

Lautsprecher oder Scheinwerfer, Laser-Modul (fest integriert): Zur Entfernungsmessung von 3 bis 1200 Meter. Ein Positionslicht oben und unten ist im Gegensatz zur Mavic Enterprise fest integriert.

Steckbrief - Hersteller: DJI, Modell: Matrice 300 RTK mit H20T

Abb. 18: DJI Matrice 300 RTK (Quelle: DJI)

Hersteller: DJI	
Modell: Matrice 300 RTK mit H20T	
Gewicht	9000 g
Flugzeit	55 Minuten
Redundanz	2x IMU und 3x GNSS-Antennen, Dual-Akku-Betrieb
Wetterfestigkeit	IP 55 (Nur Drohne) Max. Windböen: 15 m/s Betriebstemperatur: -20 °C bis 50 °C

BOS-Handling

Dieses Modell, das dem Vorgänger Matrice 210 ähnelt, kann mithilfe eines Ladesystems, das an einem Seil befestigt ist, betrieben werden. Durch die ununterbrochene Stromzufuhr ist ein dauerhafter Einsatz ohne Zwischenlandung möglich und es kann eine permanente Überwachung durchgeführt werden. Eine weitere Erleichterung bietet die Kompatibilität mit der DJI-Software Flight Hub 2, die den Betrieb von mehreren Drohnen erleichtert.

Die Robustheit dieses Modells ist in dieser Klasse unübertroffen. Es erfordert einen sehr hohen Kraftaufwand, um diese Drohne versehentlich per Hand zu beschädigen. Aufgrund des Gewichts von 6-9 kg beim Start – je nach Zuladung – ist dieses Modell das schwerste und somit auch das aufwändigste bei der Inbetriebnahme. Es benötigt einen besonders großen Sicherheitsbereich am Boden, um eine sichere Verwendung zu gewährleisten.

■ Spezialkamera(s)

Wechsel-Kameras: Zenmuse XT2/XT S/Z30/H20/H20T/DJI P1/DJI L1

Für BOS wird die Kamera H20T empfohlen mit:

20-fach Zoom-Kamera: 1/2" CMOS-Sensor mit effektiver Auflösung von: 4k Video und 48MP

Weitwinkelkamera: 1/2" CMOS-Sensor mit effektiver Auflösung von: 4k Video und 12MP

Wärmebildkamera: 640x512@30fps mit ±2 °C Temperaturgenauigkeit

■ Payload

Herstellereigene Wechsel-Kameras: Zenmuse XT2/XT S/Z30/H20/H20T/DJI P1/DJI L1 oder Scheinwerfer oder Lautsprecher, da nur ein Wechselanschluss verfügbar ist. Ein Positionslicht oben und unten ist im Gegensatz zur Mavic Enterprise fest integriert.

Steckbrief - Hersteller: DJI, Modell: Mavic 2 Enterprise Advanced

Abb. 19: DJI Mavic Enterprise Advanced (Quelle: DJI)

Hersteller: DJI	
Modell: Mavic 2 Enterprise Advanced	
Gewicht	1100 g
Flugzeit	31 Minuten
Redundanz	Keine
Wetterfestigkeit	Kein Betrieb bei Regen Max. Windböen: 10 m/s Betriebstemperatur: -10 °C bis 40 °C

BOS-Handling

Das Modell M2E "Advanced" verfügt über eine hochauflösende Wärmebildkamera mit einem kompakten Design, die für den Einsatz in nicht-militärischen Bereichen geeignet ist. Diese Kamera ist in der Lage, großflächige Bereiche zu überwachen und bei der Personensuche zu helfen.

Dank ihrer Handlichkeit kann das Modell M2E "Advanced" einfach aus der Hand gestartet und gelandet werden. Um Verletzungen zu vermeiden, wird jedoch das Tragen von Handschuhen und Helm empfohlen. Der 2-fache optische Zoom erleichtert die Sicht bei Tageslicht, was das Modell besonders nützlich macht.

Ein weiterer Vorteil des Modells M2E "Advanced" ist, dass es mit einem Drohnenkäfig betrieben werden kann. Dies ermöglicht den Einsatz der Wärmebildkamera in verschiedenen Umgebungen wie Kanalisationen oder Gebäuden, zum Beispiel bei Einsturzgefahr. Die Verwendung eines Drohnenkäfigs macht das Modell sehr vielseitig und ermöglicht den Einsatz in verschiedenen Einsatzszenarien.

■ Spezialkamera(s)

2-fach Zoom-Kamera: 1/2" CMOS-Sensor mit effektiver Auflösung von: 4k Video und 48MP

Wärmebildkamera Modell „Advanced“: 640x512@30fps mit ±2 °C Temperaturgenauigkeit

■ Payload

Ein Positionslicht, ein Lautsprecher, ein Scheinwerfer oder eine RTK-Antenne, die nur für präzisere Positionierung beim Modell „Advanced“ verfügbar ist. Sie ist nicht zur Vermessung geeignet, da die genauen Positionsdaten nicht in die Metadaten der Fotos gespeichert werden.

Steckbrief - Hersteller: SwellPro, Modell: SplashDrone 4

Abb. 20: SwellPro SplashDrone 4 (Quelle: SwellPro)

Hersteller: SwellPro	
Modell: SplashDrone 4	
Gewicht	2180 g
Flugzeit	25 Minuten
Redundanz	Keine
Wetterfestigkeit	IP 67 kann komplett ins Wasser eintauchen Max. Windböen: 20 m/s Betriebstemperatur: -10 °C bis 40 °C

BOS-Handling

Das Modell ist kompakt und robust gebaut und eignet sich besonders gut für die Wasserrettung, da es mit einer Wärmebildkamera sehr nah am Wasser und auch einige Zentimeter unter Wasser schauen kann. Die Inbetriebnahme dauert länger als bei anderen Herstellern und sollte von einem technisch versierten Drohnenpiloten durchgeführt werden. Die geringe Flugzeit und das Design der Fernsteuerung, das an ein Spielzeug erinnert, platzieren dieses Modell in der Mittelklasse der empfohlenen BOS-Drohnenmodelle.

Spezialkamera(s)

Empfohlen GC3-T Wärmebildkamera:

640x512@30fps mit < 50mK Temperaturempfindlichkeit

Restlichtkamera:

Sensoren 1/2″ 2M Starlight CMOS

Payload

Es ist wichtig zu beachten, dass für dieses Gerät nur Wechsel-Kameras verfügbar sind. Dabei stehen verschiedene Modelle zur Auswahl, einschließlich der GC3-T Wärmebildkamera sowie der GC1-S, GC2-S und GC3-S Kameras. Es ist jedoch nicht möglich, zusätzliches Zubehör wie Scheinwerfer oder Lautsprecher direkt vom Hersteller zu erwerben. Es empfiehlt sich, alternative Lösungen zu suchen, wenn solches Zubehör benötigt wird.

Steckbrief - Hersteller: YUNEEC, Modell: H520E mit Kamera E20Tvx

Abb. 21: YUNEEC H520E Set (Quelle: Yuneec)

Hersteller: YUNEEC	
Modell: H520E mit Kamera E20Tvx	
Gewicht	2214 g
Flugzeit	20 Minuten
Redundanz	6 statt 4 Rotoren
Wetterfestigkeit	Kein Betrieb bei Regen Max. Windböen: 10 m/s Betriebstemperatur: -10 °C bis 40 °C

BOS-Handling

Besonders wertvoll an diesem Gerät ist, dass es auch mit Handschuhen bedient werden kann. Dies ist insbesondere für Menschen relevant, die in kälteren Umgebungen arbeiten oder in Situationen, in denen Handschuhe aus Sicherheitsgründen getragen werden müssen. Die wichtigsten Funktionen des Geräts sind auf Knöpfe und Stellräder verteilt. Dadurch ist es nicht notwendig, den 7-Zoll großen Touchscreen des ST16E-Controllers zu bedienen, was bei den meisten anderen Modellen, abgesehen von der DJI M30T, der Fall ist. Dies ist besonders nützlich in Situationen, in denen ein schneller Zugriff auf bestimmte

Funktionen erforderlich ist oder wenn es schwierig ist, den Touchscreen zu bedienen. Eine weitere Besonderheit des Geräts ist die Verbindung mit der Software „Data Pilot". Mit dieser Software ist es möglich, Flugrouten für Vermessungen und 3D-Scans direkt zu erstellen. Dies ist besonders nützlich für Einheiten, die sehr genaue Einsatzdokumentationen erstellen müssen.

Leider ist es nicht möglich, das Gerät im Regen oder Schnee zu betreiben, da es nicht wasserdicht ist.

■ Spezialkamera(s)

Empfohlen: E20Tvx

Wärmebildkamera: 640x512@30fps

Integrierte Kamera: 1/2.8" CMOS-Sensor mit effektiver Auflösung von: HD-Video und 2,13MP

■ Payload

Der Hersteller hat das H520E-Modell so konzipiert, dass es neben der Kamera noch weitere Aufsätze tragen kann. Zum Beispiel besteht die Möglichkeit, einen zusätzlichen Scheinwerfer anzubringen, um in dunklen Umgebungen bessere Sichtbarkeit zu haben. Darüber hinaus ist es auch möglich, ein Abwurfsystem zu installieren, um beispielsweise Hilfsgüter an schwer zugänglichen Orten abwerfen zu können.

Was die Kameras angeht, ist das H520E-Modell mit einer Wechselschnittstelle ausgestattet, die es ermöglicht, verschiedene Kameras zu verwenden. Es werden mehrere Kameras vom Hersteller unterstützt, darunter die E30ZX mit einem 30-fachen optischen Zoom, die E90X mit einem 4-fachen optischen Zoom und die CGOETX mit Restlichtverstärkung. Zusätzlich sind auch Wärmebildkameras kompatibel, wie die E20Tvx und E10TvX32. Diese Kameras ermöglichen eine präzise Überwachung und Aufnahme von Bildern und Videos in unterschiedlichen Umgebungen und unter verschiedenen Bedingungen.

Steckbrief - Hersteller: Autel, Modell: EVO II Dual 640T

Abb. 22: Autel EVO II Dual 640T (Quelle: Autel)

Hersteller: Autel	
Modell: EVO II Dual 640T	
Gewicht	1999 g
Flugzeit	35 Minuten
Redundanz	Keine
Wetterfestigkeit	Kein Betrieb bei Regen Max. Windböen: 20 m/s Betriebstemperatur: 0 °C bis 40 °C

BOS-Handling

Das erste BOS-fähige Modell des amerikanischen Herstellers Autel ist mit einer hochauflösenden und besonders temperaturempfindlichen Wärmebildkamera ausgestattet. Diese Eigenschaft macht das Gerät besonders wertvoll für Einsätze in verschiedenen Situationen, wie beispielsweise bei der Brandbekämpfung oder der Suche nach vermissten Personen.

Jedoch ist zu beachten, dass das Gerät nur in einem zulässigen Temperaturbereich von über 0 Grad Celsius betrieben werden kann. Dies bedeutet, dass der Einsatz im Winter bei niedrigen Temperaturen nicht möglich ist. Zusätzlich ist es aufgrund dieser Einschränkung auch nicht empfehlenswert, das Gerät bei Regen oder Schnee zu verwenden, da die Wetterbedingungen die Temperatur des Geräts negativ beeinflussen können.

Trotz dieser Einschränkungen kann das Gerät in Situationen, in denen es eingesetzt werden kann, äußerst wertvoll sein, insbesondere aufgrund seiner hochauflösenden und temperaturempfindlichen Wärmebildkamera, die in der Lage ist, detaillierte Bilder zu liefern und somit bei der Identifizierung von Personen oder Gegenständen in schwierigen Umgebungen hilft.

Spezialkamera(s)

Kamera: 1/2" CMOS-Sensor mit effektiver Auflösung von: 6k Video und 20MP

Wärmebildkamera: 640x512@30fps mit < 50mK Temperaturempfindlichkeit

Payload

Ein Positionslicht, ein Lautsprecher oder ein Scheinwerfer sind montierbar und wie bei der DJI Mavic Enterprise vom Hersteller mitgeliefert.

Steckbrief - Hersteller: Skydio, Modell: X2D Thermal

Abb. 23: Skydio X2D Thermal (Quelle: Skydio)

Hersteller: Skydio	
Modell: X2D Thermal	
Gewicht	1325 g
Flugzeit	35 Minuten
Redundanz	6 statt 4 Rotoren
Wetterfestigkeit	Kein Betrieb bei Regen Max. Windböen: 10 m/s Betriebstemperatur: -10 °C bis 43 °C

BOS-Handling

Der amerikanische Hersteller Skydio hat dieses Modell ursprünglich für das US-Militär entwickelt und vertreibt es inzwischen auch an BOS weltweit. Das Besondere dabei ist Unabhängigkeit vom GPS-Empfang durch die integrierte künstliche Intelligenz mit neun neuronalen Netzwerken, die im Flug die Umgebung „erlernen" und somit eine einzigartige Hinderniserkennung mit Gedächtnis ermöglichen. Diese kann bis zu 20 Objekte gleichzeitig im Einsatzgebiet verfolgen und ermöglicht den Betrieb ohne Fernsteuerung und im Gebäude. Ein verantwortlicher

Drohnenpilot muss das Gerät trotzdem im Blick haben, um bei Bedarf den Notfallschalter zu betätigen, der einen Heimflug auch ohne GPS-Empfang zurück zum Startpunkt auslöst. Ein gewöhnlicher Betrieb mit einem Controller ist auf Wunsch ebenfalls möglich.

Spezialkamera(s)

Kamera: Sony IMX577 1/2.3" CMOS-Sensor mit effektiver Auflösung von 4k Video und 12.3MP

Wärmebildkamera von FLIR: 320x256@30fps

Payload

Zusätzliche Payload ist vom Hersteller nicht vorgesehen.

Steckbrief - Hersteller: DJI, Modell: Mavic 3 Enterprise Thermal

Abb. 24: DJI Mavic 3 Enterprise Thermal (Quelle: DJI)

Hersteller: DJI	
Modell: Mavic 3 Enterprise Thermal	
Gewicht	920 g
Flugzeit	45 Minuten
Redundanz	Keine
Wetterfestigkeit	Kein Betrieb bei Regen Max. Windböen: 12 m/s Betriebstemperatur: -10 °C bis 40 °C

BOS-Handling

Das Modell Mavic 3 Enterprise Thermal ist im September 2022 als Nachfolger der Mavic 2 Enterprise Advanced auf den Markt gekommen. Einer der wichtigsten Vorteile ist die längere Akkulaufzeit von 45 Minuten im Flug und 38 Minuten beim Schweben. Darüber hinaus verwendet die überarbeitete Fernsteuerung die Pilot 2-App, welche auch bei der Matrice M30T zum Einsatz kommt und zum Beispiel eine internetgestützte Koordination über die Einsatzleitzentrale ermöglicht, wenn mehr als eine Drohne an einem Ort verwendet wird. Genau wie ihr Vorgänger ist auch dieses Modell nicht vor Regen oder Schnee geschützt, verfügt jedoch zusätzlich über eine weitere 8-fach optische Zoom-Kamera, um schnell zwischen Übersicht- oder Thermal-Bild und einer Detailansicht umschalten zu können.

Spezialkamera(s)

Weitwinkel-Kamera: 1/2 Zoll CMOS-Sensor mit effektiver Auflösung von: 4k Video und 48MP

Zoom-Kamera: 1/2 Zoll CMOS-Sensor mit effektiver Auflösung von 4k-Video und 12 MP

Wärmebildkamera: 640x512@30fps mit 61 Grad Sichtbreite und < 50 mK Temperaturempfindlichkeit

Payload

Ein Positionslicht ist bereits integriert, daher kann wahlweise ein Lautsprecher oder das RTK-Modul (siehe Abbildung) zur Vermessung oder ein Scheinwerfer-Modul direkt vom Hersteller auf dem Gerät verbaut werden.

Steckbrief - Hersteller: Flyability, Modell: Elios 3

Abb. 25: Flyability Elios 3 (Quelle: Flyability)

Hersteller: Flyability	
Modell: Elios 3	
Gewicht	2500 g
Flugzeit	9 Minuten (mit LIDAR-Nutzlast)
Redundanz	Keine
Wetterfestigkeit	Betrieb bei Regen Max. Windböen: 10 m/s Betriebstemperatur: -10 °C bis 43 °C

BOS-Handling

Obwohl dieses Modell vom Hersteller als Vermessungs- und Inspektionsdrohne konzipiert ist, eignet es sich bestens, in einsturzgefährdeten

Konstruktionen ohne GPS zu fliegen und nach Menschen zu suchen. Die größte technische Herausforderung bei der Verwendung von Drohnen in Innenräumen ist das Kollisionsrisiko. Eine Kollision kann dazu führen, dass die Drohne nicht mehr flugfähig ist und abstürzt. Alle anderen Hersteller setzen auf die Erkennung und Vermeidung von Hindernissen. Bei der Elios 3 handelt es sich um eine „kollisionstolerante“ Lösung. Mit diesem proprietären Flugalgorithmus können Inspektionen in dunklen und komplexen Innenräumen durchgeführt werden.

Spezialkamera(s)

2-fach Zoom-4K-Kamera, Wärmebildkamera und LIDAR

Payload

Ein Positionslicht, mehrere fest montierte Scheinwerfer

Steckbrief - Hersteller: Fotokite, Modell: Sigma

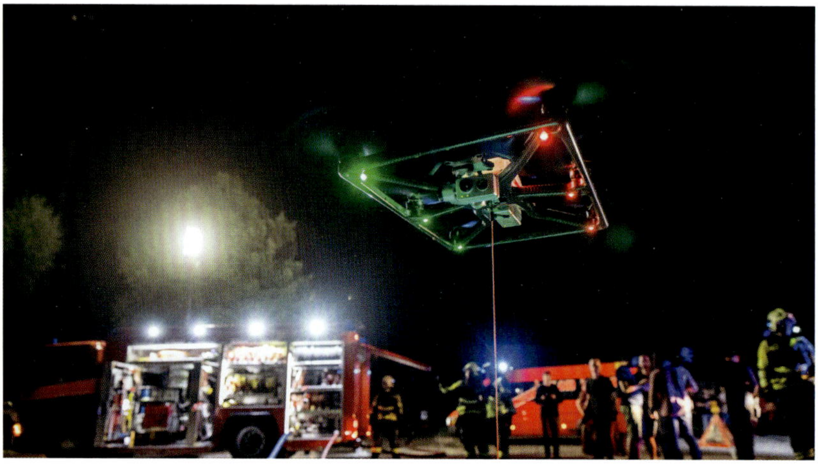

Abb. 26: Fotokite Sigma mit Tethering im Koffer oder fest am Fahrzeug montiert (Quelle: Flyability)

Hersteller: Fotokite	
Modell: Sigma	
Gewicht	1200 g
Flugzeit	unbegrenzt
Redundanz	6-Propeller
Wetterfestigkeit	Betrieb bei Regen IP 55 Max. Windböen: 10 m/s Maximale Flughöhe: 45m Betriebstemperatur: -10 °C bis 40 °C

BOS-Handling

Die Firma Fotokite geht einen etwas anderen Weg mit einer Drohne, die bei Waldbränden sowie Such- und Rettungsmissionen eine schnelle Hilfe bieten soll. Dabei handelt es sich um ein sogenanntes Situationsbewusstseinssystem, das über ein Kabel zum Beispiel direkt mit dem Einsatzfahrzeug verbunden ist und bei der Luftaufklärung stationär unterstützen soll. Mit diesem Gerät kann mit geringem Schulungsaufwand jede Einsatzkraft das Dach eines brennenden Gebäudes nach Wärmestellen oder Glutnestern absuchen, Schläuche und Kabel visualisieren und eine Lageübersicht an der Front des Waldbrandes gewinnen. Die Bedienung erfolgt per Knopfdruck, ohne einen Piloten oder

Teamressourcen zu benötigen. Dadurch erhöht sich das Situationsbewusstsein.

Das Tool verfügt über eine Schnell-Scanfunktion, die eine schnelle Momentaufnahme der Szenerie ermöglicht. Dadurch erhalten Einsatzkräfte die benötigten Informationen direkt nach Ankunft des Einsatzfahrzeugs, auf dem der Koffer montiert ist. Der Einsatzort kann kontinuierlich überwacht und Aufflackern mit erhöhter Wärmebildgebung erkannt werden, ohne dass das System gelenkt werden muss.

Spezialkamera(s)

2-fach Zoom-4K-Kamera, Wärmebildkamera

Payload

Ein Positionslicht

2.3 Akkumanagement

In den meisten Fällen werden Drohnen mit Lithium-Polymer-Akkus (LiPo) betrieben. Im Umgang mit diesen Akkus sollten grundlegende Regeln eingehalten werden, die nicht nur für Sicherheit, sondern auch für eine möglichst lange Akkulaufzeit sorgen sollen.

Grundsätzlich sind die Herstelleranweisungen, Handbücher oder Produkt-Merkblätter, die zum Akku gehören, zu beachten und zu befolgen. Darüber hinaus empfiehlt es sich, die nachfolgenden Punkte entsprechend zu berücksichtigen.

■ Lagerung

Achten Sie darauf, dass die Akkus nicht fallen gelassen werden oder sonstige mechanische Beschädigungen erfahren. Um die Sicherheit beim Transport zu gewährleisten, sollten die Akkus in einer Sicherheitstasche oder einem Metallbehälter transportiert werden. Beschädigte oder aufgeblähte Akkus sollten vor der Verwendung überprüft werden. Es ist außerdem wichtig, die Akkus so zu lagern, dass keine brennbaren Materialien in der Nähe sind. Lagern Sie die Akkus nicht in vollgeladenem Zustand. Die Hersteller empfehlen, Lithium-Polymer-Akkus auf höchstens 90 % Lagerspannung zu entladen und zu lagern. Bei LiPo-Akkus, die vor 2022 in Verkehr gebracht wurden, liegt der Lagerspannungswert zwischen 70-80 %. Die Lagerung sollte bei normaler Raumtemperatur und Luftfeuchtigkeit erfolgen.

■ Flugbetrieb

Beim Betrieb der Drohne sollten Sie darauf achten, dass Sie das Gerät immer nur mit einem vollständig aufgeladenen Akku starten. Wenn Sie keine intelligenten Akkus verwenden, bei denen über ein entsprechendes System die Batteriekapazität überwacht wird, sollten Sie vor dem Flug die Spannung jeder Einzelzelle des Akkus überprüfen, um sicherzustellen, dass der Akku vollständig aufgeladen ist und keine Beschädigungen aufweist. Es ist auch ratsam, die Akkus während des Betriebs regelmäßig auszutauschen, um sicherzustellen, dass die Drohne jederzeit mit ausreichender Energie versorgt wird.

Darüber hinaus ist zu beachten, die Anzahl der Ladezyklen der einzelnen Akkus zu überwachen. Dazu können Sie ein Logbuch oder Strichmarkierungen verwenden, um die Anzahl der Ladezyklen zu dokumentieren. Dies ist wichtig, um sicherzustellen, dass die Akkus nicht übermäßig belastet werden und vorzeitig ausfallen.

Nach einem Absturz oder einer Beschädigung sollten Sie die Akkus genau prüfen, um sicherzustellen, dass sie keine Schäden davongetragen haben. Verwenden Sie nur solche Akkus weiter, bei denen keine Zweifel an der Funktionsfähigkeit bestehen. Achten Sie stets darauf, die Sicherheitsanweisungen des Herstellers zu befolgen, um den sicheren Betrieb Ihres unbemannten Luftfahrzeugs zu gewährleisten.

Aufladen

Für das Aufladen der Akkus sollten nur die für Ihre Akkus geeigneten Ladegeräte verwendet werden. Die Verwendung ungeeigneter Ladegeräte kann zu Beschädigungen der Akkus und sogar zu gefährlichen Situationen wie Bränden oder Explosionen führen. Es ist außerdem wichtig, die Akkus niemals unbeaufsichtigt zu laden, da diese in Brand geraten können. Dies gilt für alle Akkutypen. Beim Laden der Akkus sollten Sie stets einen geeigneten Feuerlöscher (z.B. F-500-EA-Wassergemisch) in der Nähe bereithalten, um im Falle eines Brandes schnell handeln und schlimmere Schäden verhindern zu können.

Abb. 27: Ladevorgang mehrerer Drohnen-Akkus im Einsatzfahrzeug (Quelle: Nico Ninov)

Entsorgung

Lithium-Ionen-Akkus und Lithium-Polymer-Akkus sind Sondermüll und sollten nicht im Hausmüll entsorgt werden. Um eine fachgerechte Entsorgung zu gewährleisten, müssen die Akkus zuerst deutlich unter die Lagerspannung entladen werden; etwa auf einen Wert von ca. 3 Volt pro Zelle. Dadurch wird das Risiko einer möglichen Explosion während des Entsorgungsprozesses minimiert.

Anschließend sollten die Kabel des Akkus einzeln am Gehäuse gekappt und mit einem Klebeband abisoliert werden, um die elektrische Verbindung zu unterbrechen und Kurzschlüsse zu vermeiden. Die Entsorgung des Akkus kann dann durch die Rückgabe beim Händler, die Abgabe auf dem Wertstoffhof oder durch das Einwerfen in eine dafür vorgesehene Sammelbox im Supermarkt erfolgen. Es ist wichtig, dass der Akku an einem geeigneten Ort entsorgt wird, um eine umweltgerechte Entsorgung sicherzustellen und negative Auswirkungen auf die Umwelt zu vermeiden.

Geeignete Anzahl Akkus für Betrieb berechnen

Um die erforderliche Anzahl an Akkus für einen Einsatz zu ermitteln, ist es wichtig, die Ladezeit des Akkus unter Einbezug der notwendigen Abkühlzeit nach dem Betrieb zu berechnen. Die Ladezeit ist abhängig von der Umgebungstemperatur und es kann erforderlich sein, eine Fahrzeugkühlung zu verwenden, um eine schnelle und sichere Aufladung zu gewährleisten.

Nachdem die Ladezeit ermittelt wurde, wird sie durch die Flugzeit (Entladezeit) beim Verweilen an einer Position, ohne lange Distanzen zurückzulegen, geteilt. Dieser Wert gibt an, wie viele Akkus erforderlich sind, um einen Dauerbetrieb zu gewährleisten, sofern die Drohne vom Hersteller dafür ausgelegt wurde.

Um sicherzustellen, dass die Drohne unter allen Bedingungen optimal funktioniert, wird dieser Wert mit 1,3 multipliziert und aufgerundet. Der resultierende Wert ergibt die erforderliche Anzahl an Akkus für einen Dauerbetrieb. Es ist wichtig zu beachten, dass dieser Wert ein Erfahrungswert ist und von verschiedenen Faktoren abhängt, wie z.B. der Größe und dem Gewicht der Drohne, der Umgebungstemperatur und anderen Faktoren.

Beispielrechnung für eine DJI Mavic Enterprise Advanced Drohne mit einer gleichzeitigen Lademöglichkeit über ein 12 V-Ladegerät im Fahrzeug bzw. über eine 12 V-Zusatzbatterie:

- **Ladezeit 90 Minuten zzgl. 15 Minuten Abkühlzeit bei 35 Grad Umgebungstemperatur: 105 Minuten**
- **Flugzeit: 30 Minuten**
- **105/30*1,3 = 4,55**
- **Aufgerundet sind somit 5 Akkus erforderlich, wenn „nur“ einer gleichzeitig nachgeladen werden kann.**

Wir empfehlen, mindestens zwei bis drei gleichzeitige Lademöglichkeiten zu verwenden, um die Wiederbeschaffungskosten für die Akkus auf alle ein bis zwei Jahre zu reduzieren und somit insgesamt weniger Akkus beschaffen und früher erneuern zu müssen.

Aufbewahrung

Die richtige Aufbewahrung von Lithium-Polymer-Akkus ist ein wichtiger Faktor, um potenzielle chemische Gefährdungen durch lagernde Akkus zu reduzieren. Lithium-Polymer-Taschen, auch LiPo-Bags genannt, sind speziell entwickelte Taschen, die aus feuerhemmendem Material bestehen und in der Lage sind, die Ausbreitung von Feuer oder Explosionen, die durch einen Akku verursacht werden können, zu verhindern oder zu minimieren.

Vorbereitung für Einsätze

Neben der korrekten Lagerung sollten die Akkus vor jedem Einsatz überprüft und aufgeladen werden. Es wird empfohlen, die Akkus unmittelbar vor dem Einsatz auf 100 % ihrer Kapazität aufzuladen, um die maximale Flugdauer zu erreichen. Typischerweise liegt die Lagerspannung der Akkus unter 90 %, sofern der letzte Einsatz bzw. die letzte Übung bereits ein paar Tage zurückliegt. Die meisten Hersteller stellen ihre intelligenten Akkus so ein, dass sie anfangen, sich frühestens am zweiten Tag und spätestens am zehnten Tag der letzten Vollladung auf die 90 % Lagerspannung zu entladen. Dadurch wird sichergestellt, dass die Akkus in einem optimalen Zustand sind und das Risiko von Leistungseinbußen oder anderer Schäden während des Einsatzes minimiert wird.

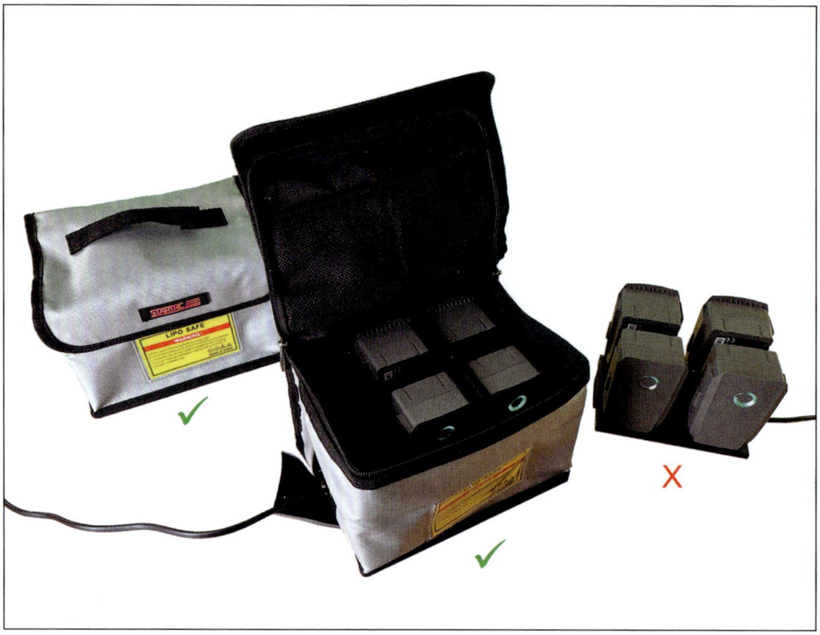

Abb. 28: Lithium-Polymer-Taschen (Quelle: Nico Ninov)

Es ist auch ratsam, die Akkus während des Transports sicher aufzubewahren und sicherzustellen, dass sie nicht beschädigt werden. Eine unsachgemäße Handhabung kann dazu führen, dass die Akkus beschädigt werden oder auslaufen, was zu einem chemischen Unfall führen kann. Es wird empfohlen, die Akkus an einem kühlen, trockenen Ort aufzubewahren, um ihre Lebensdauer zu verlängern und ihre Leistung zu erhalten.

Die richtige Aufbewahrung und Handhabung von Lithium-Polymer-Akkus ist wichtig, um das Risiko von Unfällen oder Schäden zu minimieren. Durch die Verwendung von LiPo-Bags, die Überprüfung der Lagerspannung und die ordnungsgemäße Handhabung können Drohnenpiloten sicherstellen, dass ihre Akkus in optimaler Verfassung sind und maximale Leistung bieten, wenn sie gebraucht werden.

2.4 Möglichkeiten zur Integration in die Einsatzorganisation

Bei der Integration von Drohnen in die Einsatzorganisation stehen mehrere Möglichkeiten zur Verfügung, die im Nachfolgenden aufgeführt werden. Je nachdem, für welche Variante sich eine Organisation entscheidet, variiert auch die Ausbildung des Teams.

■ Variante 1

Einsatzkräfte, die im Besitz privat angeschaffter Drohnen sind, können diese für Einsätze zur Verfügung stellen.

Vorteile: Finden sich in einer Organisation mehrere Personen, die über eine eigene Drohne verfügen, könnte damit auf eine größere Anzahl von Drohnen zurückgegriffen werden. Allerdings wäre damit ein gewisses Risiko verbunden, dass die Drohnen im Einsatzfall möglicherweise nicht ausreichend geladen sind und kurzfristig alternative Lösungen gefunden werden müssten. Ein wesentlicher Vorteil wäre, dass keine Kosten für die Anschaffung oder Grundausbildung anfallen würden. Diese Variante würde sich insofern insbesondere in einer Anfangsphase eignen, um den Einsatz von Drohnen zunächst einmal zu testen.

Nachteile: Zum einen besteht das Risiko, dass nicht immer eine Drohne oder ein Drohnenteam verfügbar ist, wenn es benötigt wird. In diesem Fall müssten direkt vor Ort alternative Lösungen genutzt werden. Zum anderen kann davon ausgegangen werden, dass private Drohnen nur begrenzt einsatzfähig sind, da diese möglicherweise nicht über die

Abb. 29: Drohnenausbildung von Privatpersonen an Industriedrohnen (Quelle: Nico Ninov)

notwendigen Funktionen oder Ausstattungen verfügen, die für den jeweiligen Einsatz benötigt werden. Die Durchführung und Aufrechterhaltung eines Ausbildungskonzepts sind ebenfalls nicht möglich, da beispielsweise jeder private Fernpilot selbst entscheidet, wann er welche Drohne kauft und verkauft und nicht mehr geprüft werden kann, ob die zugehörigen Schulungen noch zum vorhandenen Equipment für den Einsatz passen.

Variante 2

Hierbei handelt es sich um die Möglichkeit, dass sich Einheiten eine oder mehrere Drohnen samt Team teilen.

Vorteile: Anschaffungs- und Ausbildungskosten fallen niedrig aus, da nur wenige Personen und Geräte benötigt werden.

Nachteile: Bei dieser Variante kann es zu längeren Anfahrtszeiten zu einem Einsatzort kommen, sofern sich die Drohnenteams nicht in unmittelbarer Nähe befinden. Zudem kann es zu Konflikten kommen, wenn das Drohnenteam sich bereits an einem anderen Einsatzort befindet.

Variante 3

Jedes Rettungsteam, beispielsweise bestehend aus Pilot, Maschinist und Luftraumbeobachter, ist mit mindestens einer eigenen Drohne ausgestattet.

Vorteil: Die Drohnen stehen im Einsatzfall schneller zur Verfügung.

Nachteil: Es gibt keine Redundanz im Falle eines Ausfalls einer Schlüsselperson, wie z.B. des Piloten im Team oder der Drohne. Wenn der Pilot oder die Drohne ausfällt, kann das betroffene Rettungsteam keine andere Drohne mehr einsetzen und muss auf alternative Lösungen zurückgreifen.

Variante 4

In einer Organisation stehen mehrere Teams mit mehreren Drohnen zur Verfügung.

Vorteile: Mehrere Drohnen können gleichzeitig an verschiedenen Orten eingesetzt werden, was die Effizienz des Rettungseinsatzes erhöht. Zudem besteht eine höhere Redundanz, da im Falle eines Ausfalls einer Person oder Drohne weitere Drohnen und Teams zur Verfügung stehen.

Nachteile: Zum einen sind die Anschaffungs- und Schulungskosten höher als bei den anderen Varianten. Zum anderen kann es sich als schwierig erweisen, ausreichend ausgebildete Drohnenpiloten und Rettungskräfte für den Einsatz mehrerer Drohnen und Teams zu finden. Zudem ergeben sich erhöhte Anforderungen in der Koordination der verschiedenen Teams und Drohnen.

Es empfiehlt sich, vor der Entscheidung für eine der aufgeführten Varianten die Vor- und Nachteile jeweils sorgfältig abzuwägen, um die geeignetste Lösung für den jeweiligen Anwendungszweck zu finden.

2.5 Ausbildung

Um einen sicheren Betrieb von Drohnen zu gewährleisten, ist eine sachgerechte Ausbildung notwendig. Die Ausbildung umfasst theoretische und praktische Anteile, wobei die praktischen Fertigkeiten stufenweise aufgebaut werden sollten.

Die theoretische Ausbildung umfasst rechtliche Grundlagen, gemeinsame Regelungen zum Einsatz von Drohnen im Bevölkerungsschutz, Wetterkunde, Navigation, Funk und Kommunikation, Sensorsysteme und Datenverarbeitung, Gebiets- und Fluggerätekunde sowie Erste Hilfe, Einsatzorganisation und Luftraumkoordination.

Die praktische Ausbildung beinhaltet die Grundausbildung mit Drohnen ohne und mit Assistenzsystemen sowie die Fachausbildung mit Einsatz-Fluggeräten unter einsatzrealistischen Bedingungen und Sensorbedienung (z.B. Wärmebildkamera).

Um die Qualifikation als Drohnenpilot aufrechtzuerhalten, sind Übungen, Fortbildungen und regelmäßige Trainings notwendig. Die abgeschlossene Ausbildung ist durch eine Erfolgskontrolle in Theorie und Praxis zu dokumentieren.

Abb. 30: Praktische Ausbildung mit einer Wärmebild-Drohne Modell DJI Mavic 2 Enterprise Advanced (Quelle: Nico Ninov)

2.5.1 Ausbildungskonzept

Die Ausbildung BOS-eigener Drohnenpiloten ist modular aufgebaut und besteht aus zwei verpflichtenden Teilen (Teil A und Teil B) und einem optionalen Teil (Teil C). Teil A vermittelt grundlegende Fähigkeiten und erste flugspezifische Kenntnisse, während Teil B die eigentliche Flugausbildung in Theorie und Praxis umfasst, um den Fernpiloten auf ein äquivalentes Wissensniveau zum A1/A3-Kompetenznachweis und A2-Fernpilotenzeugnis zu bringen. Bei Teil C wird je nach Einsatzteam die spezifische Anwendung verschiedener Technologien beim Zubehör (z.B. Wärmebildkamera, Lautsprecher, Ausleuchtung, etc.) für spezifische Einsatzfälle geübt. Teil A und B sind zwingende Voraussetzung für den sicheren Betrieb und müssen von jedem Fernpiloten erfolgreich durchlaufen werden. Im Fall von Teil C wird empfohlen, jeden Piloten für alle Vertiefungen (nach Anwendung und Technik) auszubilden, sofern es die verfügbaren Ressourcen erlauben. Sollte es zu Ressourcen-Engpässen bei der Ausbildung kommen, sollten mindestens zwei, besser jedoch drei Fernpiloten je Vertiefungsrichtung ausgebildet werden.

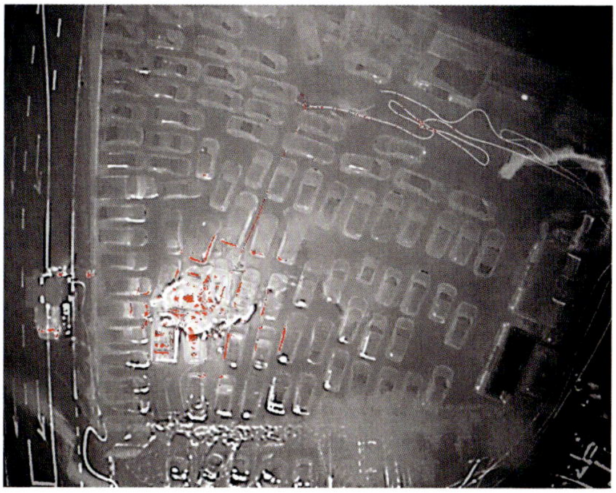

Abb. 31: Aufnahme mit einer Wärmebildkamera für die Luftbildauswertung (Quelle: Nico Ninov)

Abb. 32: Aufnahme derselben Situation mit einer RGB-Kamera für die Luftbildauswertung (Quelle: Nico Ninov)

Drohnenpiloten tragen besonders im Einsatz ein hohes Maß an Verantwortung und müssen daher sorgfältig ausgebildet werden. Die Inhalte von Ausbildungsteil A werden in der Regel durch Grundausbildungen der einzelnen BOS abgedeckt. Fehlende Themen sollten in Teil B integriert werden. Bestehende Lehrgänge mit vergleichbaren Inhalten können anerkannt werden. Teil A wird mit einem Teilnahmenachweis abgeschlossen, Teil B hingegen muss mit einer Lernerfolgskontrolle abgeschlossen werden.

Die Dauer der Unterrichtseinheiten, die im weiteren Verlauf vorgestellt werden, stellen Richtwerte dar und können bei Bedarf angepasst werden. Ziel ist es, dass jeder Ausbildungsteilnehmer die jeweiligen Kompetenzen erwirbt. Die Entscheidung darüber, wie diese Kompetenzen vermittelt werden, liegt im Ermessen des Ausbilders. Die nachfolgend beschriebenen Themen, Inhalte und Kompetenzen stellen einen Leitfaden dar, der bei unveränderter Umsetzung eine weitgehende Interoperabilität zwischen den BOS sowie einen hohen Sicherheitsstandard gewährleisten soll. Die Inhalte müssen je nach Aufgabenbereich und Struktur der BOS angepasst werden, aber die Ziele müssen dabei berücksichtigt werden.

2.5.2 Ausbildungsthemen und Umfang

■ Teil A

Umfang Variante 1: ca. 5 x 45 min

Umfang Variante 2: ca. 10 x 45 min

Umfang Variante 3: ca. 15 x 45 min

Umfang Variante 4: ca. 15 x 45 min

Lernziele

Die Teilnehmenden haben Kenntnisse über die Aufgaben und Struktur ihrer eigenen Organisation sowie über die Hierarchien im Einsatz und vorherrschenden Grundlagen der Einsatztaktik. Sie sind vertraut mit den physikalischen und rechtlichen Grundlagen der Kommunikation der BOS und kennen die Verhaltensregeln im Sprechfunk, einschließlich der Funkrufnamen. Die Teilnehmenden wissen darüber hinaus, wie man Funkgeräte aufbaut und im Einsatz bedient.

Zusätzlich sind sie mit den Unterschieden zwischen Schutzgebieten und anderen besonderen Zonen im Einsatzgebiet sowie den wichtigsten Verhaltensregeln vertraut. Sie haben Kenntnisse über die wichtigsten Wetterlagen und können besondere Wetterbedingungen und Wetterprognosen für den Verlauf des Einsatzes einschätzen.

Die Teilnehmenden sind in der Lage, Notfallsituationen zu erkennen und können die Maßnahmen der Erste-Hilfe-Ausbildung sinnvoll anwenden. Sie beherrschen die Erstversorgung bei Amputationen, Schnitt-, Augen- und Brandverletzungen und können auch weitere erforderliche Maßnahmen ergreifen.

Inhalte

- Aufgaben einer BOS
- Gliederungen der Aufgaben
- Struktur der BOS
- Hierarchien
- Einsatztaktik

■ Teil B

Umfang Variante 1: ca. 20 x 45 min

Umfang Variante 2: ca. 30 x 45 min

Umfang Variante 3: ca. 40 x 45 min

Umfang Variante 4: ca. 40 x 45 min

Abb. 33: Regenfeste Feuerwehrdrohne von DJI Modell Mavic M30T (Quelle: DJI)

Rechtliche Grundlagen

Lernziele

Die Teilnehmer haben Kenntnisse über die grundsätzlichen Unterschiede zwischen EU-, Bundes- und Landesrecht. Sie kennen die unterschiedlichen Begrifflichkeiten im Luftrecht und können diese entsprechend einordnen.

Zusätzlich erwerben die Teilnehmer Kenntnisse im nationalen Luftrecht, insbesondere im Hinblick auf den Einsatz von Drohnen durch oder im Auftrag von BOS, und beherrschen die Rechtsanwendung in Theorie und Praxis, um der Luftverkehrssicherheit Rechnung zu tragen.

Darüber hinaus erwerben die Teilnehmer Kenntnisse im europäischen Luftrecht, soweit dies für den Bevölkerungsschutz relevant ist. Sie kennen die gemeinsamen Regelungen und beherrschen deren Anwendung für den flächendeckenden, organisationsübergreifenden und sicheren Einsatz von Drohnen im Bevölkerungsschutz, insbesondere die Regelungen zur Einsatztaktik, Einsatzorganisation und zu Risikoanalysen bei gleichzeitigem Einsatz mehrerer Einheiten und Systeme sowie zum Flugbetrieb.

Inhalte

- Europäisches Luftrecht zur unbemannten Luftfahrt
- Gesetzliche Grundlagen, föderale Struktur in Deutschland
- Luftrecht: LuftVG, LuftVO, LuftVZO, SERA, soweit relevant, einschließlich der Sonderregelungen für BOS

- Inanspruchnahme der Befreiungen von den Betriebsverboten unter entsprechender Risikoabwägung,
- Gemeinsame Regelungen zum Einsatz von Drohnen im Bevölkerungsschutz
- Lufträume: kontrollierte/unkontrollierte Lufträume, ED-P, ED-R, ED-D, RMZ
- Flugverbotszonen
- Flugverkehrskontrollstellen, Flugleitungen etc.
- Einholung entsprechender Freigaben bzw. Abstimmungen
- AIP, NfL, NOTAM, ICAO-Karten etc., Bezugsquellen von Veröffentlichungen
- Störungs- und Unfallmeldungen
- Kennzeichnungspflicht
- Haftungsrecht/Haftpflicht, Deckungssummen, Versicherungsbedingungen
- Datenschutz und Urheberrecht
- Strafrecht, Ordnungswidrigkeiten

Abb. 34: Theoretische Ausbildung einer Drohnenpiloten-Gruppe (Quelle: Nico Ninov)

Fluggerät, Technik und allgemeine Drohnenkunde

Lernziele

Die Teilnehmer haben Kenntnisse über die unterschiedlichen Begriffsbezeichnungen sowie die technischen Grundlagen der verschiedenen Drohnentypen und deren Funktionsweise. Sie kennen auch die flugphysikalischen Grundlagen der verschiedenen Drohnenmodelle.

Darüber hinaus kennen die Teilnehmer die sicherheitstechnischen Anforderungen an Lithium-Polymer-Akkus im Vergleich zu Akkus anderer Bauart und beherrschen den sicheren Umgang mit ihnen.

Inhalte

- Begriffsbestimmung Drohne bzw. unbemanntes Flugsystem etc.
- Funktionsweise unterschiedlicher Drohnenmodelle („Drehflügler", „Starrflügler" etc.) sowie deren Ausfallmöglichkeiten
- Funktionsweise von Akkus und zu beachtende Sicherheitsaspekte

Meteorologie (Wetterkunde)

Lernziele

Die Teilnehmer haben Kenntnisse über die wetterbedingten Grenzen für den Drohneneinsatz und können die Wetterlage anhand der örtlichen und aktuellen Gegebenheiten einschätzen. Sie sind in der Lage, Einsätze entsprechend zu planen.

Abb. 35: Theoretische A2-Fernpilotenzeugnis-Prüfung einer Drohnenpiloten-Gruppe (Quelle: Nico Ninov)

Inhalte

- Besondere Wetterlagen (Niederschlag, Nebel, Gewitter, Thermik)
- Einsatzgrenzen, z.B. Wind, Temperatur, „Freezing Fog“ (überfrierender Nebel)
- Örtliche Besonderheiten

Flugbetrieb, Navigation und Sensorbedienung

Lernziele

Die Teilnehmer verfügen über alle praktischen Grundlagen, um einen insgesamt sicheren Flugbetrieb zu gewährleisten. Dazu gehört die Durchführung einer sicheren Flugvorbereitung und Beurteilung der Risiken bei einem Einsatz. Sie sollen dahingehend kompetent sein, den Start- und Landeplatz fachgerecht abzusperren und Hilfspersonen anzuleiten. Außerdem sollen sie Checklisten und Handbücher richtig handhaben und die systemspezifischen Betriebsgrenzen einhalten können. Die Teilnehmer sollen in der Lage sein, Freigaben einzuholen und Meldungen abzugeben sowie Systemstörungen und Notfallprozeduren zu behandeln. Sie sollen Höhen und Entfernungen richtig abschätzen und die Ausrichtung des Geräts bestimmen können. Zudem sollen sie Kenntnisse über Flugaerodynamik erwerben und korrekt anwenden können.

Inhalte

- Flugvorbereitung (Wetter, Luftraum, örtliche Gegebenheiten)
- Risikobeurteilung des Einsatzes (nach SORA, NfL, etc.)
- Absperrung oder Absicherung des Start- und Landeplatzes
- Einweisung von Hilfspersonen
- Handhabung von Checklisten, Handbuch, Programmierung des Geräts, mögliche Fehlerquellen
- Systemspezifische Betriebsgrenzen (Akkulaufzeit, Windanfälligkeit, Signalabschirmung, Störquellen etc.)
- Einholung von Freigaben, Abgabe von Meldungen
- Systemstörungen, Systemausfälle- und Notfallprozeduren, bspw. bei Störung oder Ausfall von Command/Control, GPS, Datenübertragung
- Höhen- und Entfernungsschätzung
- Diagnose der Ausrichtung des Geräts und angemessene Reaktion
- Flugaerodynamik (Kurvenflug, Steig- und Sinkgeschwindigkeit)

Teil C

Umfang Variante 1: ca. 5 x 45 min

Umfang Variante 2: ca. 30 x 45 min

Umfang Variante 3: ca. 50 x 45 min

Umfang Variante 4: ca. 50 x 45 min

Die praktische Ausbildung und Erfolgskontrolle muss auf dem jeweiligen Einsatzsystem durchgeführt werden. Dabei muss der Teilnehmende nachweisen, dass er das Fluggerät sicher bedienen und in Gefahrensituationen richtig reagieren kann. Die BOS kann die Inhalte der Prüfung selbst festlegen. Diese sollte jedoch mindestens die folgenden Bestandteile enthalten:

1. Ein Flug von mindestens 15 Minuten Dauer, mit einer Mindestflugstrecke von 1000 Metern und verschiedenen vom Prüfer festgelegten Flugmanövern. Bei Nachtbetrieb des Systems ist ein zusätzlicher Flug in vollständiger Dunkelheit mit ausreichender vorschriftsmäßiger Beleuchtung der Drohne erforderlich.
2. Zusätzlich ein Flug mit zwei Umrundungen des Fernpiloten mit einem Mindestabstand von 150 Meter
3. Flug im halbautomatischen und automatischen Modus (mit und ohne GPS)
4. Unterschiedliche vom Prüfer festgelegte Gefahrensituationen (z.B. Ausweichen oder Empfangsverlust)
5. Wenn das System über einen FPV-Modus verfügt, muss ein zusätzlicher Flug von mindestens 10 Minuten Dauer durchgeführt werden. Die Flugmanöver werden vom Prüfer festgelegt. Bei

Abb. 36: Feuerwehreinsatz während der Nacht (Quelle: Nico Ninov)

Nachtbetrieb des FPV-Modus ist ein weiterer Flug in vollständiger Dunkelheit erforderlich.
6. Einsatz und Bedienung der Sensorsysteme wie z.B. Wärmebildkamera, Abstandsmesssystem per Laser, etc.

Die Prüfung gilt nur dann als bestanden, wenn der Fernpilot die oben genannten oder zusätzlich festgelegten Anforderungen der Organisationen zufriedenstellend erfüllt. Wenn der Prüfling einzelne Bestandteile nicht erfüllt, muss er diejenigen Teile der Erfolgskontrolle erneut absolvieren. Die Details dazu werden vom Ausbilder oder Prüfer festgelegt. Die Erfolgskontrolle kann frühestens nach einem Tag wiederholt und maximal drei Mal durchgeführt werden.

Die praktische Ausbildung erfolgt mit einer C0/C1-Drohne: Mini-Drohne mit oder ohne Assistenzsystemen (preisgünstige Einstiegsdrohne ohne GPS jedoch mit Lagestabilisierung bevorzugt).

Um grundlegende Fähigkeiten im Umgang mit Drohnen zu erlangen, müssen folgende Punkte erlernt werden:

1. Erlernen der grundlegenden Steuerung einer Drohne
2. Erlernen des sicheren Startens und Landens einer Drohne
3. Entwickeln eines Grundgefühls für das Verhalten von Drohnen
4. Kennenlernen des Bodeneffekts und von Wandströmungen
5. Entwickeln von Gefahrenbewusstsein im Umgang mit Drohnen
6. Entwickeln von Auge-Hand-Koordination

Um diese Fähigkeiten zu erlangen, muss der Teilnehmer folgende Übungen absolvieren:

1. Insgesamt mindestens 2 Flugstunden
2. Mindestens 80 Starts und Landungen
3. Einen Schwebeflug ohne GPS von mindestens 5 Minuten
4. Mindestens 3 komplette Selbstumrundungen im Abstand von mindestens 5 Metern
5. Mindestens 10 sichere Landungen auf einem erhöhten Landeplatz mit Bodeneffektwechsel (Hovering in Ground Effect/HIGE bzw. Hovering out of Ground Effect/HOGE). Hierfür eignet sich ein ca. 30 bis 60 cm hoher Gegenstand mit ausreichender Landefläche

Erfolgt die praktische Ausbildung mit einer C2-Drohne: Erweitertes Training mit Drohne mit Assistenzsystemen (marktübliches kleines bis mittleres Gerät mit maximal 4 kg mit GPS und Lagestabilisierung).

Abb. 37: Analyse mit Wärmebildkamera (WBK) nach Fahrzeugbrand (Quelle: Nico Ninov)

Abb. 38: Referenzaufnahme zum WBK-Bild mit RGB-Kamera nach Fahrzeugbrand (Quelle: Nico Ninov)

Um erweiterte Fähigkeiten im Umgang mit Drohnen zu erlangen:

1. Sichere Steuerung der Drohne in einsatznahen Situationen
2. Sicheres Starten und Landen der Drohne
3. Vertiefen der Fähigkeiten im Umgang mit der Drohne
4. Umgang mit systemspezifischer Steuerungssoftware
5. Sichere Auge-Hand-Koordination
6. Umgang mit Akkus und Ladetechnik

Um diese Fähigkeiten zu erlangen, muss der Teilnehmer folgende Übungen absolvieren:

1. Mindestens 5 Flugstunden insgesamt absolvieren
2. Mindestens 80 sichere und präzise Starts und Landungen durchführen
3. Mindestens einen Flug in jedem verfügbaren Modus des Trainingssystems durchführen
4. Mindestens 3 verschiedene anspruchsvolle Flugmanöver durchführen, wie die liegende Acht, komplette Selbstumrundungen im Abstand von mindestens 150 Metern oder das Abfliegen eines festgelegten Parcours
5. Mindestens 10 sichere und präzise Landungen auf einem erhöhten Landeplatz mit Bodeneffektwechsel (HIGE/HOGE) durchführen. Geeignet ist ein Gegenstand mit ausreichender Grundfläche für die Landung in ca. 30 bis 60 cm Höhe.

Erfolgt die praktische Ausbildung mit Drohnen der Klassen C3 bis C6 oder der eigentlichen Einsatzdrohne (Fluggerät, das im Einsatz eingesetzt wird), sollten folgende Übungen durchgeführt werden:

1. Sichere Steuerung der Einsatzdrohne in einsatznahen Situationen
2. Sicheres Starten und Landen der Einsatzdrohne
3. Umgang mit systemspezifischer Steuerungssoftware
4. Üben der Notfallprozeduren
5. Einsatz und Bedienung der Sensorsysteme (Fotografieren und Filmen mit Drohnen, sichere Datenübertragung)
6. Weitergabe der durch die Sensorsysteme gelieferten Daten

Um diese Fähigkeiten zu erlangen, muss der Teilnehmer folgende Übungen absolvieren:

1. Mindestens 6 Tagflugstunden
2. Bei Nachteinsatz ca. 4 weitere Flugstunden bei Dunkelheit
3. 20 Flüge mit einer Mindestdauer von je 10 Minuten und einer Mindestflugstrecke von je 500 Metern
4. 10 Umrundungen mit einem Mindestabstand von 150 Metern
5. Je 10 Flüge mit halbautomatischen oder automatischen Modi, soweit vorhanden
6. Wenn das System über einen FPV-Modus verfügt und angewendet wird, müssen mindestens 6 Stunden FPV-Flug durchgeführt werden. Sollte auch nachts im FPV-Modus geflogen werden, sind weitere 4 Stunden FPV-Flug bei absoluter Dunkelheit erforderlich.

2.5.3 Das richtige Ausbildungskonzept mit den nötigen Kompetenzen je Variante

■ Variante 1: Drohnen aus Privatbesitz von Einsatzkräften

Bei dieser Variante müssen die Einsatzkräfte in der Lage sein, die Drohnen zu fliegen und die damit verbundene Technik zu bedienen. Außerdem sollten sie in der Lage sein, die Drohne im Einsatzfall situationsabhängig einzusetzen und zu steuern. Hierfür sind grundlegende Kenntnisse im Bereich der Flugtechnik, Navigation und Kamerasteuerung erforderlich. Die Einsatzkräfte sollten auch über Kenntnisse im Umgang mit den gängigen Drohnenmodellen in Sondersituationen verfügen, um im Notfall schnell reagieren zu können.

■ Variante 2: Geteiltes Modell – Drohnen samt Team für mehrere Einheiten

Bei dieser Variante muss das Team, das die Drohne bedient, über umfassende Kenntnisse im Bereich der Flugtechnik, Navigation und Kamerasteuerung verfügen. Darüber hinaus sollten die Teammitglieder in der Lage sein, die Drohne situationsabhängig einzusetzen und zu steuern. Da das Team möglicherweise für mehrere Einheiten eingesetzt wird, sollten die Mitglieder auch über gute organisatorische Fähigkeiten verfügen, um den Einsatz effizient planen und durchführen zu können.

Variante 3: Eine Drohne je Rettungsteam

Bei dieser Variante müssen die Rettungsteams über umfassende Kenntnisse im Bereich der Drohnenbedienung, Flugtechnik, Navigation und Kamerasteuerung verfügen. Die Teammitglieder sollten auch in der Lage sein, die Drohne situationsabhängig einzusetzen und zu steuern. Da keine Redundanz besteht, müssen die Teammitglieder auch in der Lage sein, im Notfall schnell zu reagieren und alternative Lösungen zu finden. Um die Kosten niedrig zu halten, sollten die Rettungsteams auch in der Lage sein, die Drohne selbst zu warten und kleinere Reparaturen durchzuführen.

Abb. 39: Luftbild eines UAS-Trupps der Feuerwehr nach einem Verkehrsunfall (Quelle: Nico Ninov)

Variante 4: Mehrere Drohnen mit mehreren Teams

Bei dieser Variante müssen die Teams über umfassende Kenntnisse im Bereich der Drohnenbedienung, Flugtechnik, Navigation und Kamerasteuerung verfügen. Darüber hinaus sollten sie auch in der Lage sein, die Drohnen situationsabhängig einzusetzen und zu steuern. Da mehrere Teams und Drohnen zum Einsatz kommen, sollten die Teams über gute organisatorische Fähigkeiten verfügen, um den Einsatz effizient planen und koordinieren zu können. Auch die Zusammenarbeit zwischen den verschiedenen Teams und Drohnen muss koordiniert werden, um ein reibungsloses Zusammenspiel zu gewährleisten. Da die Kosten bei dieser Variante höher sind, sollten die Teams in der Lage sein, die Drohnen selbst zu warten und kleinere Reparaturen durchzuführen.

Tab. 1: Ausbildungsaufwand je Variante

Variante	Benötigte Kompetenzen	Aufwand
1	• Kenntnisse im Bereich der Flugtechnik, Navigation und Kamerasteuerung • Grundlegende Kenntnisse im Umgang mit den gängigen Drohnenmodellen	3 Tage
2	• Umfassende Kenntnisse im Bereich der Flugtechnik, Navigation und Kamerasteuerung • Organisatorische Fähigkeiten für effiziente Planung und Durchführung des Einsatzes	6-7 Tage
3	• Umfassende Kenntnisse im Bereich der Drohnenbedienung, Flugtechnik, Navigation und Kamerasteuerung • Fähigkeit, schnell auf außergewöhnliche Situationen und alternative Lösungen zu reagieren • Kenntnisse in der Wartung und Durchführung von kleineren Reparaturen	10 Tage
4	• Umfassende Kenntnisse im Bereich der Drohnenbedienung, Flugtechnik, Navigation und Kamerasteuerung • Organisatorische Fähigkeiten für effiziente Planung und Koordination von mehreren Teams und Drohnen • Fähigkeit zur Zusammenarbeit und Koordination zwischen verschiedenen Teams und Drohnen • Kenntnisse in der Wartung und Durchführung von kleineren Reparaturen	10 Tage

2.5.4 Effizientes Funken

Wie auch bei den anderen Einsatzkräften sind die Mitglieder des Drohnenteams an die geltende Funkdisziplin gebunden. Wie richtig gefunkt wird, ist üblicherweise Teil der Ausbildung von Einsatzkräften. Doch kann es Situationen geben, in denen freiberufliche Drohnenpiloten, die kein Mitglied einer Behörde oder Organisation mit Sicherheitsaufgaben (BOS) sind, für einen Einsatz hinzugezogen werden und unter Aufsicht der BOS agieren. In dem Fall ist es wahrscheinlich, dass der Drohnenpilot nicht über eine entsprechende Einweisung oder Ausbildung im Bereich Funken verfügt. In solchen Fällen sollte sich die Person, die neben dem Drohnenpiloten steht und ihn beaufsichtigt, auch den Funk bedienen.

Für Drohnenteams, die Bestandteil einer BOS sind, sind Funkgeräte auf einem gesonderten Kanal vorzuhalten, die im Einsatzfall an die Luftraumbeobachter, Hilfspersonen und nach Bedarf auch an die Drohnenpiloten selbst (falls keine Hilfsperson für den Funk verfügbar ist) ausgeteilt werden. Es gibt drei wesentliche Funksprüche, welche die Luftraumbeobachter den Drohnenpiloten ohne Verzögerung übermitteln müssen und dafür sogar den ersten Teil der Funkdisziplin, den Einleitungsanruf, überspringen dürfen. Das heißt, in diesen Fällen muss nicht zuerst mitgeteilt werden, an wen der Anruf gerichtet ist und von wem er ausgeht, sondern man springt direkt zum wesentlichen Kern der Nachricht. Diese Ausnahmefälle sind:

1. „Nach [entgegengesetzte Himmelsrichtung] ausweichen – Bemannte Luftfahrt aus [Himmelsrichtung] auf Kurs zur Drohne."
2. „STOP – Hindernis in Flugrichtung"
3. „AUSWEICHEN – Anderes Fahrzeug/Luftfahrzeug auf Kollisionskurs zur Drohne"

Drohnenpiloten (oder dessen Hilfsperson) dürfen in bestimmten Notfallszenarien den Anfang der Funkdisziplin ebenfalls überspringen und Warnmeldungen direkt durchgeben oder laut ausrufen, die gegebenenfalls auch andere Personen in Hörreichweite betreffen können:

1. „DECKUNG – Drohne stürzt ab" (und mit dem ausgestreckten Arm auf die Drohne zeigen)

Abb. 40: Drohnenpilot mit Luftraumbeobachter (Quelle: Nico Ninov)

2. „ACHTUNG – Ausweichmanöver“ (ggf. gefolgt von weiteren Anweisungen)
3. „VORSICHT – Notlandung“ (und mit dem ausgestreckten Arm auf die voraussichtliche Landeposition zeigen)

2.6 Arbeitssicherheit beim Drohneneinsatz

Der Bereich der Arbeitssicherheit kann im Hinblick auf Drohnen in vier Kategorien unterteilt werden, aus denen sich Gefährdungen ergeben können. Hierzu zählen elektrische, mechanische und chemische Gefährdungen sowie physische und psychische Belastungen durch die Arbeitsumgebung.

Elektrische Gefährdung

Zu einer **elektrischen Gefährdung** kommt es zum Beispiel durch einen elektrischen Schlag während des Ladevorgangs. Als Sicherheitsmaßnahme ist hier ein Schutz gegen direktes oder indirektes Berühren spannungsführender Teile erforderlich. Zudem sollten regelmäßige Prüfungen ortsfester und nicht-ortsfester Ladevorrichtungen beispielsweise in Einsatzfahrzeugen oder dem Feuerwehrdepot durchgeführt werden, um das Risiko eines elektrischen Schlags während eines Ladevorgangs zu minimieren. Durch die Verwendung verpolungssicherer Anschlüsse können Kurzschlüsse, verursacht durch Verpolung der Akkus oder der Ladeinfrastruktur, vermieden werden.

Abb. 41: Übersicht der vier Kategorien (Quelle: Pexels.com)

Mechanische Gefährdung

Mechanische Gefährdungen während des Drohnenbetriebs können von kontrolliert bewegten, jedoch ungeschützten Teilen (z.B. Propeller) ausgehen. Die Einsatzmittel sollten daher regelmäßig, am besten vor jeder Benutzung, auf Mängel überprüft werden. So könnte aus einem Haarriss im Propeller mit der Zeit eine Gefährdung durch umherfliegende Propellerteile erwachsen. Ein Propellerschutz kann als Berührungsschutz verwendet werden. Zudem müssen Arbeitsabläufe insbesondere vor dem Start und nach der Landung so gestaltet werden, dass Sicherungsmaßnahmen gegen unbeabsichtigte Bewegungen oder Berührungen ergriffen werden. Ein Beispiel wäre, Start- und Landeplätze sichtbar zu kennzeichnen und gegen Betreten durch Unbefugte oder unbeteiligte Personen abzusichern. Dies ist nicht nur am Tag, sondern aufgrund der schlechten Sichtverhältnisse insbesondere auch in der Dunkelheit relevant. Durch ausreichende Beleuchtung kann die Sichtbarkeit für Dritte erhöht und Verletzungen können reduziert werden.

Weitere Gefährdungen können durch Absturz des UAS, Stolpern oder Umfallen der Drohnenpiloten, Luftraumbeobachter oder Hilfspersonen erfolgen. Insbesondere bei Starts aus der Hanglage oder schwer zugänglichen Landeplätzen ist die Trittsicherheit durch geeignetes Schuhwerk sicherzustellen. Neben dem regulären Betrieb gilt dies auch beim Bergen verlorener Drohnen. Auch hier besteht für das Bergungsteam Absturzgefahr, wenn zum Beispiel eine Einsatzdrohne eine Notlandung an einem steilen Hang in einen Baum vollzogen hat und diese wiederbeschafft werden muss.

Grundsätzlich sollte darauf geachtet werden, Hindernisse oder Verschmutzungen in der Umgebung der Propeller zu beseitigen, die, durch Luftverwirbelungen verursacht, durch die drehenden Propeller aufgewirbelt werden und das UAS beschädigen können. Idealerweise kommen Einsatzfahrzeuge mit Ladefläche (z.B. ein Pick-up) zum Einsatz, die Starts und Landungen auf der Ladefläche ermöglichen. Dies spart Zeit für den Aufbau sowie das Ausleuchten von Startplätzen auf freiem Gelände und verhindert, dass die Startflächen aufwändig von Hindernissen wie kleinen Steinen befreit werden müssen. Sofern der Start- und Landeplatz auf einem Fahrzeug eingerichtet wird, sollte darauf geachtet werden, dass keine größeren Metallanteile z.B. an der Ladefläche vorhanden sind. Je nach Drohnenmodell kann es sein, dass das magnetische Feld so stark beeinflusst wird, dass der Magnetsensor der Drohne einen Fehler anzeigt. Bei Drohnenmodellen mit mehr als einem Magnetsensor, also denjenigen mit redundanter Integrierter Messeinheit (IMU), wird dieser Effekt in den meisten Fällen kompensiert.

Abb. 42: Landematte ausgeleuchtet mit Drohne (Quelle: Nico Ninov)

Abb. 43: Foto einer DJI Matrice M210 V2 auf der Feuerwehrfahrzeug-Ladefläche

Auch von ungeschützten, bewegten Drohnen in der Luft geht eine mechanische Gefährdung aus, die durch einen Aufprallschutz verringert werden kann. Darüber hinaus sollte der kontrollierte Bereich am Boden, in dem die Starts und Landungen stattfinden, und bei schwereren Drohnen ab 4 kg der Bereich unterhalb der Drohne für den Fall eines Absturzes abgesichert werden. Da am Einsatzort grundsätzlich eine Helmpflicht besteht, gilt die aus dem zivilen Drohnenbetrieb errechnete maximale Aufprallenergie von 89 Joule bei Drohnen bis 249 g nicht.

Chemische Gefährdungen

Bei der **chemischen Gefährdung** geht es insbesondere um den Hautkontakt zu Feststoffen und Flüssigkeiten oder das Arbeiten mit Feuchte. Hier kann ein Hautschutz beispielsweise in Form von Handschuhen getragen werden und entsprechend bei Kontamination ein Hautreinigungs- beziehungsweise Pflegemittel verwendet werden. Auch Ausgasungen von Batteriezellen sind möglich. Durch die Verwendung von Lithium-Polymer-Akkus kann dieser Gefahr entgegengewirkt werden, da eine Ausgasung bei diesen Akkus nicht stattfindet. Durch die äußerst hohe Energiedichte ist jedoch das Risiko einer Entzündung oder Explosion beispielsweise durch Überhitzung, Überladung oder mechanische Überbeanspruchung des Akkus gegeben. Eine Sicherheitsmaßnahme ist die Verwendung von LiPo-Taschen, welche zur Lagerung, aber auch während eines Ladevorgangs verwendet werden sollten. Diese können im Fehlerfall ein Ausbreiten von Flammen eingrenzen, indem sie die Zufuhr von Sauerstoff minimieren.

Belastungen durch die Arbeitsumgebung

Belastungen des Drohnenteams durch die Arbeitsumgebung können sowohl physisch als auch psychisch erfolgen. Zu physischen Belastungen zählen unter anderem langes Stehen oder Fliegen durch extreme Hell-/Dunkelzonen, die zu einer ungenügenden Hell-Dunkel-Adaption des Auges führen können [31]. Insbesondere in der Nacht können zu stark ausgeleuchtete Start- und Landeplätze oder zu helle Blitzlichter an der Drohne die Drohnenpiloten und auch andere Personen blenden oder in ihren Tätigkeiten beeinträchtigen. Ebenso können Reflexionen einer blinkenden Drohne an den Sicherheitsstreifen der Bekleidung der Einsatzuniform irritierend sein. Als Gegenmaßnahme sollten unterschiedliche Beleuchtungsstärken sowohl bei Nacht als auch am Tag verwendet und die Arbeitsbereiche jeweils so gewählt werden, dass keine Gefährdung am Boden stattfinden kann. Wenn es nicht anders möglich ist, kann auch ein Augenschutz gegen Blendung getragen werden. Eine weitere physische Beeinträchtigung ist die Lautstärke, die durch Motoren oder Propellerlärm entstehen kann. Durch Tragen eines Gehörschutzes kann diese reduziert werden. Die meisten Einsatzhelme haben bereits einen solchen Gehörschutz integriert.

Abb. 44: Luftbild eines Fahrzeugbrands über mehrere Stunden (Quelle: Nico Ninov)

Die größte psychische Belastung beim Einsatz von Drohnen geht von langen Konzentrationsphasen aus. Nicht nur Drohnenpiloten müssen während des Fluges hoch konzentriert diverse Aspekte wie Akkustand, Gefahrenquellen am Boden und in der Luft, Funksprüche der Luftraumbeobachter, Position und Ausrichtung der Drohne etc. gleichzeitig im Blick behalten. Auch die Luftraumbeobachter können nach einer Weile Konzentrationsschwierigkeiten bekommen und sollten regelmäßig abgelöst werden. Wann eine Ablösung erfolgen sollte, ist von Person zu Person unterschiedlich und muss in den Übungen für jeden Luftraumbeobachter und Drohnenpiloten individuell bestimmt werden. Wenn dies nicht möglich ist, sollten folgende Richtwerte eingehalten werden:

Drohnenpilot: 10 Minuten Pause nach 45 Minuten Flug

Luftraumbeobachter: 15 Minuten Pause nach 90 Minuten Beobachtung

Hierzu kann eine interne Betriebsanweisung erstellt werden. Einsatzkräfte sollten entsprechend unterwiesen und bereits zur Verfügung stehende Sicherheitsanweisungen für Arbeiten mit langen Konzentrationsphasen vorschriftsmäßig anwenden.

2.7 Fazit

„Before everything else, getting ready is the secret of success."

(Das Geheimnis des Erfolgs liegt vor allem darin, sich vorzubereiten.)

Henry Ford

Bevor die Drohne ihren ersten Einsatz fliegen kann, sind zunächst einige grundlegende Entscheidungen zu treffen: Soll direkt eine Drohne angeschafft werden oder arbeitet man versuchsweise zunächst mit einem UAS aus Privatbestand? Wenn eine Drohne angeschafft wird, wie sollte diese beschaffen sein, damit sie optimal zum Einsatzzweck passt? Wie sollte die Ausbildung der Einsatzkräfte sinnvoll gestaltet werden? Doch eine gute Vorbereitung zahlt sich am Ende aus.

Zeit sparen: Eine gute Vorbereitung spart Zeit, da Sie sich im Voraus darüber Gedanken machen, wie Ihr Drohnenteam organisiert sein muss, um schnellstmöglich einsatzfähig zu sein. Und Sie werden viel Zeit in die Ausbildung Ihrer Einsatzkräfte investiert haben, damit am Ende jeder Handgriff sitzt, um die Effizienz und Effektivität des Einsatzes zu verbessern.

Risiken minimieren: Eine sorgfältige Vorbereitung hilft dabei, Risiken zu minimieren, da Sie mögliche Probleme vorhersehen und entsprechende Vorkehrungen treffen können, um sie zu vermeiden oder abzumildern. Dies sorgt nicht nur für eine erhöhte Sicherheit in Bezug auf die Einsatzkräfte, sondern wirkt sich darüber hinaus auf einen schonenden Umgang mit den Einsatzmitteln aus.

Flexibler sein: Eine gründliche Vorbereitung hilft Ihnen, flexibler auf unvorhergesehene Situationen zu reagieren. Wenn Sie im Voraus verschiedene Szenarien durchdenken und in Übungen entsprechend trainieren, können Sie schnell und effektiv auf unerwartete Situationen reagieren und damit ein besseres Einsatzergebnis erzielen.

Es handelt sich also um eine sinnvolle Investition!

3 Taktik

Die folgenden Darstellungen zur Einsatztaktik basieren auf den Einschätzungen von Experten, mit denen wir Interviews geführt haben. Ergänzt wird dies durch unsere eigenen Erfahrungen als Drohnenpiloten und Mitglieder einer freiwilligen Feuerwehr. An dieser Stelle ist festzuhalten, dass es sich in der Vergangenheit bewährt hat, wenn alle Mitglieder eines Drohnenteams über eine ähnliche Wissensbasis verfügten. Dies soll dazu beitragen, dass die Möglichkeiten und Grenzen jedes einzelnen Teammitglieds bekannt sind. Dadurch kann das Team insgesamt besser zusammenarbeiten und koordinieren, was zu erhöhter Effektivität und Sicherheit führt.

Um die Sicherheit und die Einhaltung der gesetzlichen Bestimmungen zu gewährleisten, sollte bei Einsätzen mit der Drohne nach Möglichkeit der Betrieb in Sichtweite des Piloten, eine maximale Flughöhe von 120 Metern über Grund eingehalten und der Betrieb über Menschenansammlungen vermieden werden. Erhobene Daten, insbesondere Bildmaterial, müssen dokumentiert und entsprechend den datenschutzrechtlichen Grundsätzen, wie im Kapitel 1 dargestellt, behandelt werden.

3.1 Rollenverteilung im Einsatz

Plant eine BOS-Organisation, Drohnen als Einsatzmittel zu verwenden, sollte vorab die Rollenverteilung im Einsatzfall definiert und durch Übungen trainiert und gefestigt werden. Das Drohnenteam sollte als Staffel unter der direkten Leitung der Einsatzleitung agieren und sich aus einem Staffelführer sowie drei bis sechs Mitgliedern der Feuerwehr zusammensetzen. Die Staffel sollte aus verschiedenen Rollen bestehen, um sicherzustellen, dass Befehle des Einsatzleiters effizient ausgeführt werden können. Es ist üblich, dass jede Rolle von drei Personen im

Team besetzt wird, was bedeutet, dass bei sechs Teammitgliedern 18 Personen dieselbe Ausbildung durchlaufen haben sollten.

Bei Drohneneinsätzen ist ausgebildetes Personal sowohl für die Führung als auch die Funktion der Drohnenpiloten, Luftraumbeobachter und Hilfspersonen (z.B. als Luftbildauswerter) erforderlich. Die Fahrer des Transportfahrzeugs benötigen keine Ausbildung am Fluggerät selbst. Sie befördern lediglich die Drohne samt Zubehör vom Feuerwehrdepot zum Einsatzort und laden während des Einsatzes die Akkus auf und wechseln diese bei Bedarf durch, um ein optimales Lademanagement zu gewährleisten. Dafür müssen sie eine entsprechende Einweisung erhalten. Am Einsatzort übernimmt das ausgebildete Personal die Drohne und das jeweilige Zubehör. Der Pilot ist für das Fluggerät verantwortlich, während der Luftbildauswerter das Live-Video auswertet und die Erkenntnisse an die Führungskraft oder Einsatzleitung weiterleitet. Dies kann er entweder über eine Funk-Kommunikationsstrecke, einen Live-Stream zum Einsatzfahrzeug, Einsicht auf dem Flugmonitor der Fernsteuerung oder einem zweiten mobilen Monitor per Kabel bzw. Funk durchführen.

Führungskraft

Die Führungskraft des Drohnenteams ist verantwortlich für die Leitung des Teams und erhält Aufträge von der übergeordneten Stelle für den jeweiligen Einsatz. Die Führungskraft muss schnell entscheiden können, wo die Drohne gestartet und gelandet werden soll und wie viele Luftraumbeobachter für die jeweilige Situation benötigt werden,

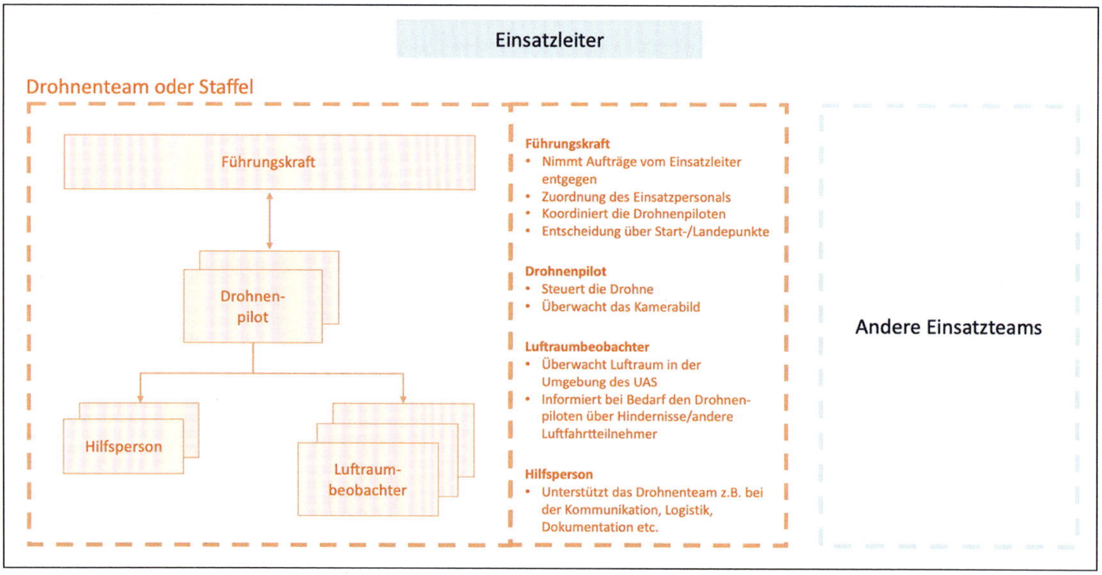

Abb. 45: Rollenverteilung im Einsatz (Quelle: Sabrina John)

wenn beispielsweise ein Übersichtsbild zur besseren Orientierung oder Koordination gefordert wird. In der kleinsten Einheit ist die Führungskraft auch gleichzeitig der Drohnenpilot.

Die Drohne kann bei Einsätzen eine schnelle Übersicht aus der Vogelperspektive bieten und damit dem Einsatzleiter eine einfachere Ordnung des Raumes und eine bessere Entscheidungsfindung ermöglichen. Zudem kann sie bei Suchaktionen ein schnelleres Absuchen eines bestimmten Gebietes ermöglichen sowie bei Erkundungen, Lageübersichten bei Einsätzen zur Brandbekämpfung, technischen Hilfeleistungen und Gefahrguteinsätzen, der Erstellung von Lagekarten in Echtzeit, der Lageerkundung, der Führungsunterstützung, der Ressourcenplanung, der Objektbeurteilung, der Einsatzdokumentation und der Personensuche mit Wärmebildkamera (WBK) unterstützen.

Luftraumbeobachter

Der Luftraumbeobachter ist eine bewährte und äußerst hilfreiche Funktion innerhalb einer Drohneneinheit. Diese Funktion unterstützt Drohnenpiloten dabei, ihre Tätigkeit auszuüben und gleichzeitig Kollisionsgefahren im Luftraum rechtzeitig zu erkennen und zu vermeiden. Während eines Einsatzes ist es notwendig, sowohl die Drohne als auch den umgebenden Luftraum permanent im Auge zu behalten, um einen sicheren Flug zu gewährleisten. Der Luftraumbeobachter übernimmt hierbei eine wichtige Rolle, indem er den Drohnenpiloten auf andere Luftfahrzeuge, Hindernisse, Vögel und ähnliches aufmerksam macht. Während der Drohnenpilot das Videobild betrachtet, kann der Luftraumbeobachter zusätzliche Informationen liefern, die zur sicheren Steuerung der Drohne beitragen.

Vor jedem Start, insbesondere nach dem Wechsel des Akkus, muss sich der Luftraumbeobachter vergewissern, dass der Luftraum frei von Hindernissen ist und dies dem Drohnenpiloten bestätigen, sobald dieser startbereit ist. Bei Einsätzen, bei denen ein Übersichtsbild um ein betroffenes Gebäude herum übertragen werden soll, müssen Luftraumbeobachter an allen Ecken des Gebäudes platziert sein. Diese stehen in ständiger Funkverbindung zum Drohnenpiloten und gegebenenfalls zur Führungskraft, wenn mehrere Drohnenpiloten im Einsatz sind.

Hilfsperson

Hilfspersonen können verschiedene Unterfunktionen übernehmen, um den Ablauf von Missionen für alle Beteiligten zu vereinfachen. Ein Beispiel wäre eine Hilfsperson, die neben dem Drohnenpiloten steht und mit einem Funkgerät die Kommunikation sicherstellt. Eine weitere Hilfsperson könnte sich darum kümmern, die leeren Akkus bei längeren Einsätzen auszutauschen und an die Ladeinfrastruktur anzuschließen bzw. zum Transportfahrzeug zu bringen, wo der bereitste-

Abb. 46: Beispiel eines gut gewählten Start- und Landeplatzes (rot beleuchtet) in der Nähe der Ladeinfrastruktur im Drohnenfahrzeug (unten links) (Quelle: Nico Ninov)

hende Fahrer dies übernimmt. Vor dem Aufstieg könnte die Hilfsperson den Start- und Landeplatz vorbereiten, Beleuchtung aufbauen und die Drohnen gemäß einer Checkliste in Betrieb nehmen, während der Drohnenpilot mit der Einsatzleitung die Mission im Detail bespricht. Die Hilfsperson könnte auch bei der Auswertung von Sensordaten wie Fotos oder Videos helfen oder zusätzliche Nutzlast bedienen.

Weitere Hilfspersonen im Drohnenteam bei Rettungskräften können zusätzliche Unterfunktionen übernehmen, um den erfolgreichen Einsatz der Drohne zu unterstützen. Einige mögliche Funktionen sind:

Aufklärung: Die Hilfsperson kann vor dem Einsatz Informationen über das Einsatzgebiet sammeln und an das Team weitergeben. Hierzu können z.B. topografische Karten, Satellitenbilder oder Informationen aus öffentlich zugänglichen Quellen genutzt werden.

Navigation: Während des Einsatzes kann die Hilfsperson den Drohnenpiloten bei der Navigation unterstützen, indem sie ihm z.B. Hinweise auf Hindernisse, Flugbeschränkungen gibt oder Flugrouten bei Suchaufträgen passend zur Umgebung und den Suchparametern programmiert.

Kommunikation mit anderen Rettungskräften: Die Hilfsperson kann als Schnittstelle zwischen dem Drohnenteam und anderen Rettungskräften fungieren, indem sie z.B. Funkkontakte herstellt oder Nachrichten übermittelt.

Sicherheitsbeauftragte: Die Hilfsperson kann dafür sorgen, dass die Sicherheitsstandards eingehalten werden, indem sie z.B. auf die Einhaltung von Flughöhen und -geschwindigkeiten achtet oder auf besondere Vorkommnisse bzw. andere Luftfahrzeuge hinweist.

Dokumentation: Die Hilfsperson kann den Einsatz der Drohne dokumentieren, indem sie z.B. Fotos und Videos aufnimmt oder Notizen zu wichtigen Ereignissen im Logbuch macht.

Wartung und Reparatur: Die Hilfsperson kann sich um die Wartung und Reparatur der Drohne und des Zubehörs kümmern, indem sie z.B. die Drohne nach dem Einsatz reinigt oder kleine Reparaturen durchführt.

Logistik: Die Hilfsperson kann sich um die Logistik des Drohneneinsatzes kümmern, indem sie z.B. sicherstellt, dass ausreichend Akkus und Ersatzteile wie zum Beispiel Propeller vorhanden sind oder dass die Drohne in einem sicheren Bereich gelagert wird. Besonders beim Einsatz mehrerer Drohnen für verschiedene Teams ist diese Funktion sehr wichtig.

- UAS-Trupp (2-3 Personen)
  - Drohnenpilot
  - Truppführer
  - Luftraumbeobachter
- UAS-Staffel (6 Personen)
  - Staffelführer
  - Hilfsperson/Maschinist
  - 2x UAS-Trupp
- UAS-Gruppe (9 Personen)
  - Gruppenführer
  - Hilfsperson/Maschinist
  - Melder
  - 3x UAS-Trupp

Abb. 47: Symbole und empfohlene Größen der Drohnenteams (Quelle: Nico Ninov)

Symbole

Es gibt eine empfohlene Symboldarstellung vom Bundesamt für Bevölkerungsschutz [10], nach der die drei verschiedenen Größen der Drohnenteams definiert und symbolisch dargestellt werden können.

Der UAS-Trupp ist die kleinste Einheit von zwei bis drei Personen, der aus einem Drohnenpiloten, einem Truppführer und einem Luftraumbeobachter besteht. Der Truppführer ist in dieser Einheit die Führungskraft. Bei wenig Personal kann der Truppführer auch gleichzeitig die Aufgabe des Luftraumbeobachters übernehmen.

Um eine UAS-Staffel zu bilden, müssen zwei Trupps mit weiteren Personen zusammengeführt werden, was eine Gesamtstärke von sechs Personen ergibt. Jeder dieser Trupps wird nicht mehr zwangsläufig von einem eigenen Truppführer geleitet. Die UAS-Staffel besteht somit aus einem Staffelführer, einer Hilfsperson, auch Maschinist genannt, und den beiden UAS-Trupps aus jeweils einem Drohnenpiloten und einem Luftraumbeobachter. Wenn einer Staffel nur eine Drohne zur Verfügung steht, dann wechseln sich die Drohnenpiloten ab, um eine Überlastung (vgl. Kapitel 2 – Arbeitssicherheit) zu vermeiden. Wenn ein Drohnenpilot nicht fliegt, kann er zur Erholung die Funktion eines zusätzlichen Luftraumbeobachters übernehmen. Die übrigen Luftraumbeobachter können gemeinsam ein größeres Einsatzareal abdecken.

Um eine UAS-Gruppe zu bilden, führt man drei UAS-Trupps zusammen, ergänzt um einen Melder, der sich nur um den Funk und die Weiterleitung von Befehlen in alle Richtungen kümmert, eine Hilfsperson beziehungsweise einen Maschinisten und einen Gruppenführer, was eine Gesamtstärke von insgesamt neun Personen ergibt. Jeder Trupp kann wiederum von einem eigenen Truppführer geleitet werden.

3.2 Anwendungsfälle

Die Anwendungsfälle von Drohnen haben sich in den letzten Jahren in verschiedenen Bereichen weiterentwickelt, darunter auch in der Feuerwehr, Polizei, im Rettungsdienst und in der Wasserrettung. Sie können dabei helfen, in schwer zugänglichen oder gefährlichen Gebieten schnell eine Übersicht zu erhalten und somit bei der Einsatzkoordination und Rettung von Personen zu unterstützen. Insbesondere bei Großveranstaltungen, der Suche nach Vermissten oder der Erkundung von Bränden und Unfällen können Drohnen wertvolle Hilfe leisten und die Arbeit der Einsatzkräfte erleichtern. In der Wasserrettung können sie beispielsweise bei der Personensuche im Wasser oder in schlecht zugänglichen Bereichen eingesetzt werden und auch Unterwasseraufnahmen ermöglichen. Die vielseitigen Einsatzmöglichkeiten von Drohnen bei der Feuerwehr, Polizei, beim Rettungsdienst und bei der Wasserrettung werden im Folgenden erklärt und mit Erfahrungen aus der Praxis der befragten Experten ergänzt.

3.2.1 Brandbekämpfung

Drohnen sind zu einem wertvollen Hilfsmittel bei der Brandbekämpfung geworden, da sie den Feuerwehrleuten einen Überblick über die Situation aus der Vogelperspektive verschaffen und es ihnen ermöglichen, wichtige Informationen zu sammeln, die zuvor nicht zu erhalten waren. Zu den Anwendungsmöglichkeiten von Drohnen in der Brandbekämpfung zählen:

Erkundung aus der Luft: Drohnen, die mit hochauflösenden Kameras und Wärmebildtechnik ausgestattet sind, können schnell große Gebiete überwachen, Brandherde lokalisieren und die Ausbreitung des Feuers feststellen. Diese Informationen können in Echtzeit an die Feuerwehrleute vor Ort weitergeleitet werden, sodass sie fundierte Entscheidun-

Abb. 48: Hilfreiches Übersichtsbild bei einem Fahrzeugbrand mit wenig Sicht am Boden (Quelle: Nico Ninov)

gen darüber treffen können, wo Ressourcen eingesetzt werden und wie das Feuer bekämpft werden kann.

Suche und Rettung: Drohnen können eingesetzt werden, um vermisste Personen oder in Not geratene Feuerwehrleute aufzuspüren, insbesondere in schwer zugänglichen oder gefährlichen Gebieten. Sie bieten eine sichere und effiziente Möglichkeit, große Gebiete zu überwachen und potenzielle Gefahren oder Hindernisse zu erkennen.

Unterstützung bei der Brandbekämpfung: Drohnen können den Feuerwehrleuten vor Ort ein Lagebild liefern, das es ihnen ermöglicht, Veränderungen im Verhalten des Feuers vorherzusehen und entsprechend zu reagieren.

Bewertung nach dem Brand: Drohnen können eingesetzt werden, um die Folgen eines Brandes zu untersuchen und heiße Stellen oder Bereiche zu identifizieren, in denen die Gefahr eines erneuten Aufflammens besteht. Sie können auch dazu verwendet werden, die Schäden an Gebäuden oder natürlichen Ressourcen zu bewerten, um Informationen über Wiederherstellungsmaßnahmen und zukünftige Strategien zur Brandverhütung zu erhalten.

3.2.2 Katastrophenhilfe

Drohnen stellen ein wichtiges Werkzeug im Katastrophenschutz dar, das Ersthelfern und Notfallmanagementteams wertvolle Fähigkeiten zur Bewertung, Reaktion und Bewältigung von Katastrophensituationen bietet. Im Folgenden sind einige der Anwendungen für Drohnen im Katastrophenschutz aufgeführt:

Luftaufklärung: Drohnen können hochauflösende Luftbilder und Videos von Katastrophengebieten liefern, die es den Notfallteams ermöglichen, das Ausmaß der Schäden zu beurteilen, potenzielle Gefahren zu erkennen und den Einsatz entsprechend zu planen.

Suche und Rettung: Drohnen, die mit Wärmebildtechnik und hochauflösenden Kameras ausgestattet sind, können helfen, Überlebende in Katastrophengebieten zu finden, insbesondere in schwer zugänglichen Gebieten oder in Gebieten, in die es unsicher ist, Einsatzkräfte zu schicken.

Schadensbeurteilung: Drohnen können zur Bewertung von Schäden an Gebäuden, Infrastrukturen und anderen wichtigen Einrichtungen eingesetzt werden. Sie liefern den Notfallteams wichtige Informationen, um Prioritäten für den Einsatz zu setzen und Ressourcen zuzuweisen.

Umweltüberwachung: Drohnen können zur Überwachung von Umweltbedingungen wie Luftqualität und Wasserverschmutzung in Katastrophengebieten eingesetzt werden und dabei helfen, potenzielle Gesundheitsgefahren zu erkennen und die Öffentlichkeit über Sicherheitsmaßnahmen zu informieren.

Lieferung von Hilfsgütern: Drohnen können medizinische Hilfsgüter, Lebensmittel, Wasser und andere lebenswichtige Güter an Bedürftige liefern, insbesondere in schwer zugänglichen Gebieten oder in Gebieten, in denen die Entsendung von Personal unsicher wäre.

Unterstützung bei der Kommunikation: Drohnen können zum Aufbau von Kommunikationsnetzen eingesetzt werden, insbesondere in Gebieten mit eingeschränkter oder fehlender Mobilfunkabdeckung, sodass die Notfallteams untereinander und nach außen kommunizieren können.

3.2.3 Wasserrettung

Die Einsatzmöglichkeiten von Drohnen in der Wasserrettung sind vielfältig. So können sie bei der Personensuche im Wasser oder in schlecht zugänglichen Bereichen und im Rahmen der Erstrettung eingesetzt werden. Des Weiteren unterstützen sie bei der Lageerkundung sowie Einsatzdokumentation.

■ Personensuche

Bei der Personensuche auf dem Wasser wird die Arbeit häufig durch Reflexionen der Sonne auf der Wasseroberfläche erschwert. Zudem ist der Überblick vom Wasser aus teilweise eingeschränkt, insbesondere

Abb. 49: Personensuche während einer Wasserrettung am Rhein (Quelle: Nico Ninov)

wenn sich die gesuchte Person unterhalb der Wasseroberfläche befindet. Ein Blick aus der Luft kann in solchen Fällen helfen, in kurzer Zeit ein größeres Gebiet zu erfassen und Personen auch in tieferen Bereichen zu erkennen.

In der Vergangenheit wurden in manchen Fällen Helikopter zur Unterstützung angefordert. Der Vorteil von UAS gegenüber dem Einsatz von Helikoptern liegt nicht allein in den geringeren Kosten für Gerät und Personal. Drohnen sind zudem weniger wetterabhängig. Sie können insbesondere in niedrigen Höhen auch in Schlechtwettersituationen mit niedrigen Wolkendecken eingesetzt werden.

Erstrettung

Es besteht die Möglichkeit, Drohnen mit entsprechenden Hilfsmitteln auszustatten, die beim Lokalisieren der gesuchten Person ins Wasser abgeworfen werden. Dies können einerseits schwimmfähige Gegenstände sein, die den Bereich für die Rettungskräfte markieren können. Zum anderen können auch Schwimmhilfen abgeworfen werden, die sich beim Kontakt mit Wasser selbst aufblasen und es der Person im Wasser ermöglichen, sich daran festzuhalten, bis die Rettungskräfte eintreffen.

Unterwassersuche

Auch im Wasser können Drohnen zum Einsatz kommen. Hierfür bedarf es spezieller Unterwasserdrohnen, die für diesen Anwendungsfall entwickelt wurden. Mittels einer Kamera können die Unterwasserbilder an einen Monitor an Land übermittelt werden. Einige Geräte verfügen darüber hinaus über Sonar, um auch bei schlechten Sichtverhältnissen vermisste Personen oder Gegenstände aufspüren zu können. Gesteuert wird die Unterwasserdrohne mittels einer Fernsteuerung.

Der Vorteil gegenüber dem Einsatz von Tauchern besteht insbesondere in längeren Einsatzzeiten gegenüber Tauchern, die aus arbeitsschutzrechtlichen Gründen Pausen einzuhalten haben. Zudem können Vorgaben der Berufsgenossenschaften dazu führen, dass Taucher nur bis zu bestimmten Wassertiefen tauchen dürfen. Mit Hilfe von Unterwasserdrohnen kann man so auch in tieferen Bereichen Suchaufträge durchführen.

Die Organisation von Drohnen in der Wasserrettung kann in zwei Bereiche unterteilt werden: dem mobilen und dem stationären Einsatz.

Mobile Drohnen

Der mobile Einsatz ist eine ortsunabhängige Lösung. Das bedeutet, dass die Drohnen erst durch Einsatzkräfte zum Einsatzort gebracht

Abb. 50: DJI Drone Dock – Automatisierte, stationäre Drohne (Quelle: DJI)

werden müssen, ehe sie eingesetzt werden können. Im optimalen Fall sind die Drohnen dafür in einem mobilen Einsatzwagen untergebracht, der neben Ladestationen über einen Arbeitsplatz verfügt, an dem die von der Drohne übermittelten Kamera- und Sensordaten durch Fachpersonal gesichtet und ausgewertet werden können.

■ Stationierte Drohnen

Eine weitere Möglichkeit ist, die Drohnen in einem bestimmten Einsatzbereich oder in unmittelbarer Nähe zu stationieren. Die Lagerung der Drohnen erfolgt idealerweise in Drohnengaragen, die nicht nur eine klimatisierte und witterungsgeschützte Lagerung ermöglichen, sondern darüber hinaus über Lademöglichkeiten sowie eine Start-/Landefläche verfügen, um einen unmittelbaren und automatisierten Einsatz zu ermöglichen. Zudem können derartige Drohnengaragen direkt an die Rettungsleitstelle angebunden werden, um die Drohnen aus der Ferne zu aktivieren und zur jeweiligen Einsatzstelle zu schicken. Damit bestünde die Möglichkeit, noch vor Eintreffen der Rettungskräfte beispielsweise mit der Personensuche zu beginnen. Die von der Kamera erfassten Bilder könnten in dem Fall an die Rettungsleitstelle übermittelt werden und die Einsatzkräfte zielgerichtet zum Einsatzort leiten.

Der Einsatz stationierter, automatisierter Drohnen eignet sich zum Beispiel an Gewässern, die in der Regel nicht überwacht werden oder in Bereichen, die von Rettungskräften nicht unmittelbar zu erreichen sind.

Projekt RescueFly

Das vom Bundesministerium für Digitales und Verkehr (BMDV) geförderte Projekt hat zum Ziel, dezentral stationierte, autonome Drohnen an unbewachten Gewässern zur Wasserrettung einzusetzen. Die Einsätze werden von der Rettungsleitstelle ausgelöst. Dabei sollen die Drohnen noch vor Eintreffen von Rettungskräften mit der automatisierten Suche und Übermittlung von Kamerabildern von der Einsatzstelle beginnen.

Weitere Informationen unter: https://rescuefly.org

3.2.4 Ersthilfe

Auch im Rahmen der Ersthilfe, wie bei außerklinischen Herz-Kreislaufstillständen können UAS zur Unterstützung eingesetzt werden. So stehen insbesondere in ländlichen Regionen nicht immer Automatisierte Externe Defibrillatoren (AED) im unmittelbaren Umfeld des Patienten zur Verfügung. Durch den Einsatz mobiler AED, die mittels Drohne direkt zum Patienten transportiert werden können, kann wertvolle Zeit eingespart und dem Patienten schneller geholfen werden.

Wie bereits im zuvor beschriebenen Anwendungsfall in der Wasserrettung würden sich auch hier stationierte, automatisierte Drohnen eignen, die durch die Rettungsleitstelle im Einsatzfall aktiviert werden könnten. Die Rettungsleitstelle würde zeitgleich zu den Ersthelfern auch die nächstgelegene, verfügbare Drohne alarmieren. Während sich die Ersthelfer auf den Weg zum Patienten machen, würde die Drohne seitens der Rettungsleitstelle mit der Zieladresse bzw. den entsprechenden Koordinaten versorgt werden und zeitgleich zum Patienten fliegen.

Projekt MV|LIFE|DRONE

Das vom Bundesministerium für Gesundheit (BMG) geförderte Projekt MV|LIFE|DRONE beschäftigt sich bereits seit 2019 mit dem Einsatz von Drohnen für den Transport von AED [32] und hat im Rahmen von Testflügen bereits positive Erfahrungen machen können.

3.3 Taktischer Ablauf

3.3.1 Die richtige Taktik für planbare Einsatzszenarien

In Einsatzsituationen ist es wichtig, insbesondere bei komplexen Einsätzen, das richtige Einsatzmittel zur richtigen Zeit am richtigen Ort einzusetzen. Dies gilt sowohl für die neuesten und modernsten Einsatzmittel als auch für unbemannte Luftfahrzeuge wie Drohnen und ihre spezielle Sensorik, wie z.B. Wärmebildkameras in der Luft. Der Einsatzleiter trägt während des gesamten Szenarios die volle Verantwortung für den Einsatz der Drohne. Ein erfahrener Drohnenpilot kann ihn bei seinen Entscheidungen beraten und Empfehlungen aussprechen, welche Drohnenflüge sinnvoll sind und welche Missionen möglicherweise mit einem anderen Einsatzmittel durchgeführt werden sollten. Ein Beispiel dafür wäre, wenn der Drohnenflug an einem bestimmten Ort unmöglich ist.

Typischerweise wird bei jedem Einsatz nach dem GAMS-Schema vorgegangen.

Das bedeutet

- **G**efahr erkennen,
- **A**bsperrungen einrichten,
- **M**enschenrettung durchführen und
- gegebenenfalls **S**pezialkräfte anfordern.

Gefahren erkennen:

Um mögliche Gefahren sicher zu erkennen, muss der Einsatzleiter die Einsatzstelle strukturiert nach den vorgeschriebenen AAAACEEEE-Gefahren beurteilen:

1. **A**usbreitung
2. **A**tomare Strahlung
3. **A**temgifte
4. **A**ngstreaktion
5. **C**hemische Stoffe
6. **E**xplosion
7. **E**insturz
8. **E**lektrizität
9. **E**rkrankung

Die Drohne kann insbesondere in Bezug auf Ausbreitungs-, Explosions- und Einsturzgefahren sowie bei der Erkennung bestimmter chemischer Stoffe äußerst hilfreich sein. In der heutigen Zeit werden beispielsweise Gastanks oft auf Dächern installiert, die von der Straße aus nicht einsehbar sind. Im Falle eines Brandes kann eine Luftaufklärung durch eine Drohne dazu beitragen, dass eine solche Gefahr schnell erkannt und die Einsatzkräfte entsprechend gewarnt werden können, oder dass der Einsatz anders durchgeführt wird. Die Feststellung und Überwachung der Ausbreitung von Gefahrstoffen kann auch für den weiteren Verlauf des Einsatzes von entscheidender Bedeutung sein.

Absperrungen einrichten

Nachdem der Einsatzleiter die offensichtlichen Gefahrenquellen am Boden erkannt hat, kann eine Drohne eingesetzt werden, um weitere Gefahrenquellen zu suchen. Vorher sollte zusammen mit dem Drohnenpiloten ein Start- und Landebereich für das UAS in der Art ausgewählt werden, dass andere Einsatzprozesse nicht gefährdet werden und gleichzeitig keine großen Laufwege zum späteren Akkuwechsel entstehen. Der nächste Schritt ist die Unterstützung beim Absperren der Einsatzstelle.

Dazu liefert die Drohne aus einer Höhe von 80 m bis 120 m über dem Einsatzgebiet ein Luftbild, welches der Einsatzleiter nutzen kann, um die entsprechend abzusperrenden Gebiete festzulegen. Diese werden dann den Staffel- oder Gruppenführern am Einsatzort übermittelt. Lagekarten werden heute in der Regel durch Ablaufen oder unter Zuhilfenahme von Satellitenbildern oder Archiv-Lageplänen, die zunächst herausgesucht werden müssen und möglicherweise nicht mehr aktuell sind, erstellt. Besonders bei weitläufigen Einsatzgebieten kann eine Lagekarte mithilfe von Drohnen schneller und gründlicher erstellt

Abb. 51: Abgesperrter Bereich für Schaulustige bei einem Verkehrsunfall (Quelle: Nico Ninov)

werden. Ein weiterer Vorteil liegt darin, dass nicht eingezeichnete Elemente wie Fahrzeuge mit einem Livebild ebenfalls erfasst werden können.

Menschenrettung durchführen

Im nächsten Schritt des Einsatzes geht es um die Rettung von Menschen. Hierbei handelt es sich um den wichtigsten Teil des Einsatzes. Es gibt verschiedene Möglichkeiten, wie die Drohne die Einsatzkräfte unterstützen kann.

- Eine Möglichkeit ist die Suche nach vermissten Personen in verschiedenen Umgebungen, wie z.B. an Land, im Wasser, in einem Waldstück, in schwer zugänglichen Gebieten oder innerhalb von Wohnanlagen oder Industriegebäuden, die möglicherweise einsturzgefährdet sind.
- Die Drohne kann auch dazu verwendet werden, um unbeteiligte Personen über einen Lautsprecher an der Drohne zu informieren, zu warnen oder aufzufordern, einen Gefahrenbereich zu verlassen.
- Zusätzlich kann die Drohne als Fluchthilfe für Personen dienen, indem sie zusätzliche Beleuchtung bietet.
- Ein weiterer Einsatzbereich ist die Beobachtung von Waldbrandverläufen oder Verläufen von austretenden Gefahrstoffen aus der Luft.
- Die Drohne kann auch eingesetzt werden, um Einsturzgefahren und Schneelast frühzeitig zu erkennen und mögliche Schneeabgänge zu kontrollieren.
- Für den Transport von Materialien wie Defibrillatoren oder Rettungswesten kann die Drohne ebenfalls genutzt werden.
- Schließlich können Videoaufnahmen für die spätere Dokumentation und Beweissicherung angefertigt werden.

Gelegentlich kann es während eines Rettungseinsatzes zu einem weiteren Unfall in der Nähe der Einsatzstelle kommen, wenn Autofahrer durch die Einsatzaktivitäten abgelenkt werden. Sollten bei der zweiten Einsatzstelle weitere Rettungskräfte benötigt werden, kann mithilfe der Drohne ein erster Überblick über die Situation erzeugt werden und somit dazu beizutragen, dass die zusätzlich benötigten Rettungskräfte effizienter eingeplant werden können.

Insgesamt bietet das Einsatzmittel Drohne zahlreiche Möglichkeiten, um bei der Rettung von Menschen zu unterstützen und den Einsatzkräften wertvolle Informationen zu liefern.

Spezialkräfte anfordern

Im letzten Schritt des Einsatzes können bei Bedarf weitere Spezialkräfte angefordert werden. Hierzu können zusätzliche bemannte oder unbemannte Fahrzeuge oder Luftfahrzeuge eingesetzt werden, um eine bessere Aufklärung und Durchführung im Einsatz zu ermöglichen. Diese können mit verschiedenen Sensoren ausgestattet sein, um den Boden und die Luft aus unterschiedlichen Perspektiven zu scannen. Es stehen verschiedene Arten von Sensoren zur Verfügung, wie Lasersensoren zur Abstands- und Flächenbestimmung, Wärmebildkameras, Gassensoren, Multispektralkameras, Feuchtigkeitssensoren, Druck- und Temperatursensoren, Luftqualitäts- und Wasserqualitätssensoren sowie Greif- und Tragevorrichtungen für chemische Messstreifen.

Letztendlich hängt die Wahl der richtigen Taktik maßgeblich von der Erfahrung des Einsatzleiters ab. Es liegt in seiner Verantwortung, das geeignete Einsatzmittel am richtigen Ort zur richtigen Zeit einzusetzen. Bei der Technik, einschließlich der richtigen Sensorik und den Möglichkeiten im Luftraum, kann der Drohnenpilot helfen.

Kontaktinformationen bereithalten

Grundsätzlich muss sich das Drohnenteam vor jedem Einsatz von Drohnen in einem bestimmten Bereich, im Vorfeld einen Überblick über das Einsatzgebiet verschaffen. So sollte geprüft werden, ob die Einsatzstelle in einer Kontrollzone oder in der Nähe eines Flugplatzes liegt. In diesem Fall sollte bereits in Vorbereitung auf etwaige Einsätze der Kontakt zu den entsprechenden Verantwortlichen gesucht werden, um die Kontaktinformationen der zuständigen Flugverkehrskontrollstelle oder Flugplatzleitung zu erfragen. Bei Bedarf kann man sich an die Landesluftfahrtbehörde des jeweiligen Bundeslandes wenden, sollte Unklarheit über die Zuständigkeit bestehen. Die Kontaktinformationen für das Drohnenteam sollten unbedingt im Voraus eingeholt werden und als Teil des Emergency Response Plans leicht zugänglich sein, um Einsätze in den entsprechenden Bereichen erfolgreich koordinieren zu können.

3.3.2 Taktische Vorbereitung und Abläufe

Einige der in Kapitel 2 vorgestellten Drohnenmodelle sind klappbar und erfordern manchmal, dass die Propeller nach dem Entnehmen aus dem mitgelieferten Koffer des Herstellers noch auf die Motoren aufgesteckt werden müssen. In den meisten Fällen stellt dies kein Problem dar. Jedoch, wenn Feuerwehr oder andere Rettungsorganisationen sie im Einsatz verwenden müssen, sollten sie so schnell wie möglich einsatzbereit sein. Daher ist es notwendig, einen größeren, wetterfesten Koffer zu beschaffen, in dem die Drohne in ausgeklapptem Zustand mit bereits montierten Propellern Platz findet, damit am Einsatzort keine Zeit verloren geht. Wenn das Einsatzfahrzeug nicht genügend Platz bietet, um einen entsprechend großen Koffer zu verstauen, müssen die Schritte, die erforderlich sind, um die Drohne(n) flugbereit zu machen, so einfach und intuitiv wie möglich gestaltet werden, um Fehler zu vermeiden.

Um sicherzustellen, dass die Drohne jederzeit betriebsbereit ist, sollten die Akkus und Wechselakkus separat in einem wettergeschützten Koffer aufbewahrt werden. Die vom Hersteller angegebene Lagertemperatur sollte dabei berücksichtigt werden. In der Regel sollten die Akkus bei Raumtemperatur gelagert werden, wenn sie nicht für einen Einsatz oder eine Übung benötigt werden. Das Zubehör, insbesondere solches, welches über einen eigenen Versorgungsakku verfügt, muss ebenfalls separat gelagert werden.

Um mögliche Fehler zu minimieren, sollten jedem Drohnen- und Akkukoffer Checklisten beiliegen, die die wesentlichen Punkte umfassen, die vor jedem Start geprüft werden müssen. So soll sichergestellt werden, dass alle notwendigen Schritte korrekt ausgeführt wurden, bevor die Drohne in Betrieb genommen wird.

Im Folgenden werden an zwei Beispielen die taktischen Abläufe am Beispiel der Feuerwehr und des Rettungsdienstes jeweils dargestellt.

Beispiel 1

Feuerwehr: Beispiel Hausbrand

1. **Erkundung der Gefahrensituation:** Drohnenpiloten sollen vor dem Einsatz das Gebiet erkunden, um die genaue Gefahrenlage zu ermitteln und geeignete Rettungsplanungen durchzuführen.
2. **Absperrzonen einrichten:** Um eine weitere Ausbreitung des Feuers zu verhindern und die Menschenrettung sicherzustellen, sollen Absperrungen eingerichtet werden, die von der Einsatzleitung koordiniert werden.
3. **Menschenrettung:** Hubschrauber und Drohnen sollen zur Suche nach vermissten Personen eingesetzt werden. Die Drohnen können auch als Aufklärungsmittel genutzt werden, um Rettungsmaßnahmen schneller zu planen.
4. **Spezialkräfte anfordern:** Falls erforderlich, sollen Spezialkräfte wie THW oder Rettungsdienst angefordert werden, um den Einsatz zu unterstützen.
5. Koordination zwischen Drohnenpiloten und Hubschrauberpiloten über die Einsatzleitung: Die Einsatzleitung soll die Koordination

zwischen Drohnenpiloten und Hubschrauberpiloten überwachen, um sicherzustellen, dass die Einsatzmaßnahmen effektiv und reibungslos ablaufen.

Beispiel 2

Rettungsdienst: Beispiel Verkehrsunfall

1. Erste Schritte beim Eintreffen am Einsatzort:
   - Erkennen der Gefahrensituation durch Drohnen oder Hubschrauber und Meldung an Einsatzleitung.
   - Aufstellen von Absperrungen durch Polizeikräfte, Feuerwehrkräfte und Rettungsdienste.
   - Einrichten einer Kommunikationsstrecke zwischen Einsatzleitung und Drohnen/Hubschrauber-Piloten.
2. Menschenrettung:
   - Drohnen und Hubschrauber fliegen über dem Unfallgebiet, um Unfallstellen zu identifizieren und gefährdete Menschen aufzuspüren.
   - Spezialkräfte werden angefordert, um die Rettungsarbeiten zu unterstützen.
   - Menschen werden aus ihren Fahrzeugen befreit und in Sicherheit gebracht.
   - Kontaktinformationen werden gesammelt, um potenzielle Verletzte und Vermisste zu identifizieren.
3. Koordination:
   - Die Einsatzleitung koordiniert die Einsätze der Drohnen und Hubschrauber, um die Menschenrettung zu optimieren.
   - Die Piloten senden Informationen zurück zur Einsatzleitung, um die Situationen laufend zu überwachen.
   - Die Einsatzleitung informiert die Piloten über aktuelle Entwicklungen, um die Koordination zu verbessern.
   - Die Einsatzleitung überwacht die Koordination zwischen Drohnenpiloten und Hubschrauberpiloten, um sicherzustellen, dass die Einsatzmaßnahmen effektiv und reibungslos ablaufen.
4. Nach dem Einsatz:
   - Erholungsphasen für die Retter werden eingerichtet.
   - Ein Verkehrsexperte wird hinzugezogen, um den Verkehrsfluss wiederherzustellen.
   - Eine psychologische Unterstützung wird für alle Beteiligten angeboten. Eine Nachbesprechung wird durchgeführt, um den Einsatz zu evaluieren und zu verbessern.

Abb. 52: Beseitigung einer Ölspur nach einem Verkehrsunfall in der Nacht (Quelle: Nico Ninov)

3.3.3 Best Practice bei der Positionierung der Luftraumbeobachter

Je nach Einsatzszenario und Größe des Einsatzgebiets kann es vorkommen, dass mehr als ein Luftraumbeobachter erforderlich ist. Bei einem normalen Hausbrand reicht für gewöhnlich ein Luftraumbeobachter aus, während bei einer Personensuche im Wald oder einem Gebäudekomplex im Industriegebiet mehrere Luftraumbeobachter entlang des Einsatzgebiets erforderlich sind. In der folgenden Darstellung ist eine Einsatzkarte zu sehen, bei der die Positionierung aller Fahrzeuge, einer UAS-Gruppe und die Positionen des Drohnenpiloten sowie drei zusätzlicher Luftraumbeobachter dargestellt wird. Bei dem gezeigten Einsatzszenario handelt es sich um einen Hochhausbrand. Auf dem Luftbild auf der rechten Seite ist erkennbar, dass es sich um ein Hochhaus handelt. Im nördlichen Gebäudeteil ist ein fortentwickelter Brand und im westlichen Teil des Gebäudes ein Entstehungsbrand eingezeichnet. Die Darstellung macht deutlich, dass der Drohnenpilot von seiner Position aus nicht hinter das Gebäude blicken kann. Außerdem konzentriert er sich hauptsächlich auf das Bild auf seinem Bildschirm und hat somit drei Luftraumbeobachter angefordert, die sich an strategischen Positionen befinden und Gefahren am Boden und in der Luft regelmäßig per Funk melden. Außerdem wird im Gebäude noch eine Person vermisst, die mit der Drohne im südöstlichen Teil des Gebäudes gesucht wird. Dazu sind die Funkmeldungen der Luftraumbeobachter 1 und 2 regelmäßig abzuwarten. Der Drohnenpilot gibt also per Funk durch, welche Flugrichtung er als nächstes einschlägt und wartet auf die Bestätigung des jeweiligen Luftraumbeobachters, ob der Flugweg in diese Richtung frei ist.

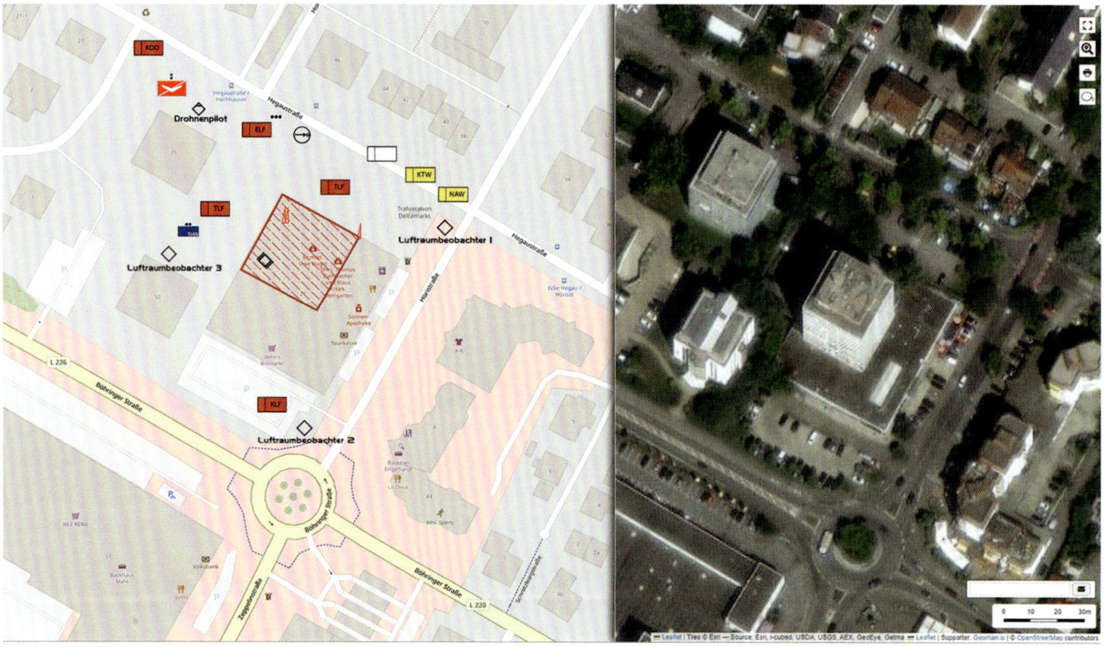

Abb. 53: Einsatzkarte mit Positionierung der Luftraumbeobachter (Quelle: Nico Ninov)

3.3.4 Zusammenspiel von unbemannten und bemannten Luftfahrzeugen an der Einsatzstelle

Je nach Einsatzlage kann es vorkommen, dass Einsatzkräfte unterschiedlicher Organisationen nicht nur am Boden zusammenarbeiten und sich koordinieren müssen. Gelegentlich kann es dazu kommen, dass Helikopter zur Unterstützung gerufen werden, um zum Beispiel Ärzte zur Unfallstelle zu bringen, Patienten zum Transport in Kliniken aufzunehmen, bei der Suche nach Vermissten zu unterstützen oder lediglich, um den Gefahrenplatz gezielt in der Nacht auszuleuchten. Kommen an einer Einsatzstelle neben den Hubschraubern auch Drohnen zum Einsatz, muss der reibungslose Ablauf koordiniert werden. Die Koordination sollte durch den Einsatzleiter erfolgen.

Abb. 54: Aufklärungsdrohne in 120 m Höhe über der Stadt (Quelle: Nico Ninov)

Annäherungen vermeiden

Das Zusammenspiel bemannter und unbemannter Luftfahrzeuge an einem Einsatzort birgt besondere Risiken, die vorab identifiziert und bewertet werden sollten.

Auswirkungen auf die Drohne

Wird eine Drohne in unmittelbarer Nähe eines Hubschraubers betrieben, muss der Drohnenpilot mit Abwinden (im Englischen Downwash genannt), die durch die Rotorblätter der Helikopter erzeugt werden, rechnen. Drohnen, die in diesen Bereich einfliegen, können von den entstehenden Luftverwirbelungen erfasst werden und dabei die Orientierung verlieren. Ein Eingreifen bzw. Gegensteuern durch den Fernpiloten ist in der Regel nicht möglich und ein Absturz der Drohne damit wahrscheinlich.

Auswirkungen auf bemannte Luftfahrzeuge

Kommen an einem Einsatzort Drohne und Hubschrauber zum Einsatz, besteht die Gefahr gefährlicher Annäherungen bis hin zu Zusammenstößen. Die erste Maßnahme, dem entgegenzuwirken, besteht in dem Grundsatz gegenseitiger Rücksichtnahme. Dem Drohnenpiloten muss bewusst sein, dass Hubschrauberpiloten Drohnen aus dem Cockpit heraus nur schwer erkennen können. Dies hängt nicht nur mit der Größe der Fluggeräte zusammen, sondern auch damit, dass die Helikoptercrew beim Anflug auf eine Einsatzstelle vorrangig mit der Suche nach einer geeigneten Landestelle beschäftigt ist und in dieser Situation das Erkennen von Drohnen nur sehr eingeschränkt möglich ist. Damit liegt die Verantwortung insbesondere bei den Drohnenpiloten, gefährliche Annäherungen zwischen den Luftfahrzeugen zu vermeiden.

Somit empfiehlt es sich immer, ausreichend Abstand zwischen bemannten und unbemannten Luftfahrzeugen einzuhalten, um die Risiken für beide Seiten zu minimieren.

Verfahren

In der Regel werden Helikopter durch die Einsatzleitung angefordert. Der Einsatzleiter steht dadurch in Kontakt mit der Rettungsleitstelle bzw. teilweise mit der Helikoptercrew selbst und kann damit eine Einschätzung abgeben, wann der angeforderte Helikopter voraussichtlich eintreffen wird. Insofern sollten die Drohnenpiloten im engen Austausch mit der Einsatzleitung stehen, auf deren Anweisungen achten und diesen umgehend Folge leisten.

Für den Fall, dass ein Hubschrauber durch das Drohnenteam zu hören oder zu sehen ist, sollte der Drohnenbetrieb umgehend unterbrochen und das UAS zur Landung gebracht werden, auch wenn seitens des Einsatzleiters keine Anweisung erfolgt ist. Dies stellt eine zusätzliche Sicherheitsmaßnahme dar, sollte der Einsatzleiter keine Zeit gehabt haben, eine entsprechende Anweisung weiterzugeben oder selbst keine Kenntnis über den anfliegenden Hubschrauber erlangt haben. Der Einsatzleiter sollte darüber hinaus zeitnah über diese Maßnahme informiert werden.

Nachdem der Helikopter gelandet ist, sollte der Drohnenbetrieb erst nach Absprache mit der Einsatzleitung wieder aufgenommen werden. Verbleibt der Helikopter längere Zeit am Boden, kann in der Zwischenzeit nach Absprache mit dem Einsatzleiter der Drohnenbetrieb wieder aufgenommen werden. Startet der Helikopter unmittelbar wieder, sollte das UAS für die Zeit am Boden bleiben.

3.3.5 Der Emergency Response Plan

Ein Notfallplan (Emergency Response Plan, ERP) ist ein wichtiges Instrument, das die Verfahren und Richtlinien für Notfälle festlegt, die während des Betriebs von Drohnen auftreten können. Der Plan umreißt die Verfahren für den Einsatz und den Betrieb von Drohnen, Kommunikationsprotokolle, Kontaktinformationen, Sicherheitsmaßnahmen und andere wichtige Elemente, die für eine erfolgreiche Notfallhilfe erforderlich sind.

Die Verantwortung für den Emergency Response Plan (ERP) liegt beim Pilot-in-Command (PIC) und muss von diesem unterzeichnet werden.

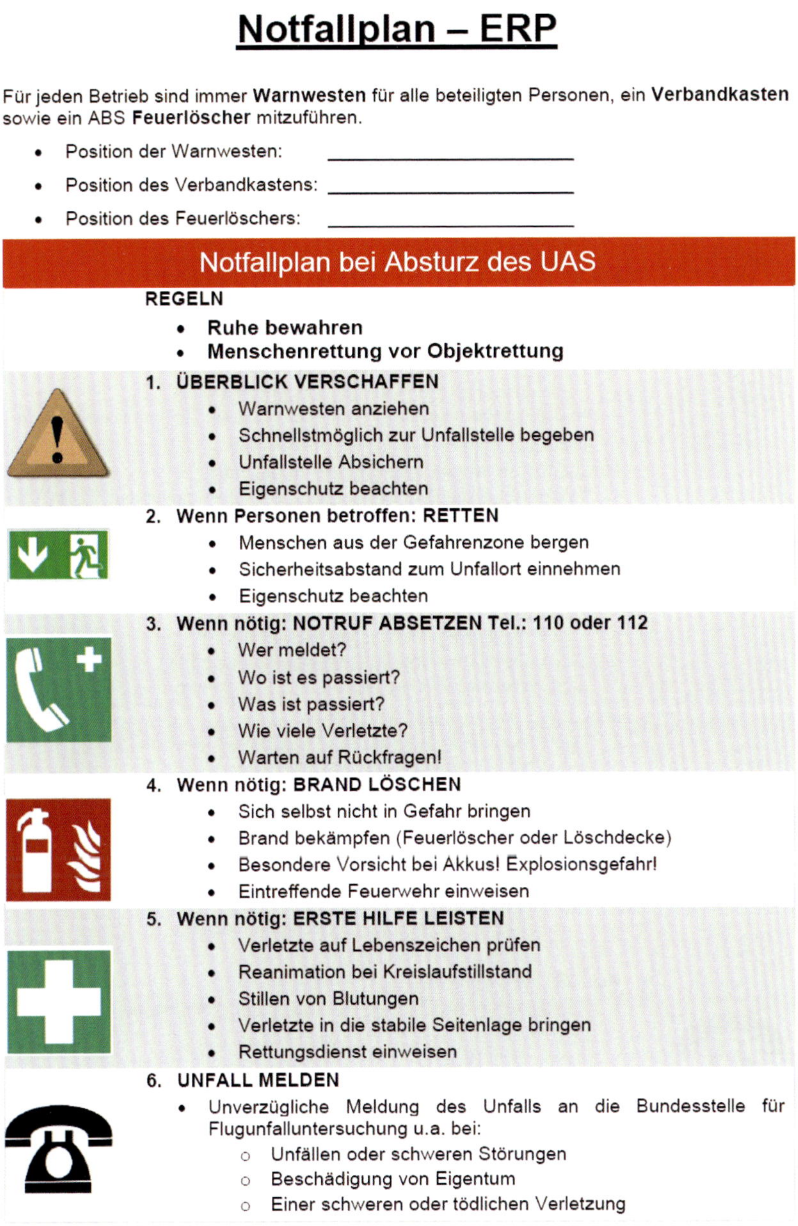

Notfallplan – ERP

Für jeden Betrieb sind immer **Warnwesten** für alle beteiligten Personen, ein **Verbandkasten** sowie ein ABS **Feuerlöscher** mitzuführen.

- Position der Warnwesten: ______________________
- Position des Verbandkastens: ______________________
- Position des Feuerlöschers: ______________________

Notfallplan bei Absturz des UAS

REGELN

- **Ruhe bewahren**
- **Menschenrettung vor Objektrettung**

1. **ÜBERBLICK VERSCHAFFEN**
   - Warnwesten anziehen
   - Schnellstmöglich zur Unfallstelle begeben
   - Unfallstelle Absichern
   - Eigenschutz beachten
2. **Wenn Personen betroffen: RETTEN**
   - Menschen aus der Gefahrenzone bergen
   - Sicherheitsabstand zum Unfallort einnehmen
   - Eigenschutz beachten
3. **Wenn nötig: NOTRUF ABSETZEN Tel.: 110 oder 112**
   - Wer meldet?
   - Wo ist es passiert?
   - Was ist passiert?
   - Wie viele Verletzte?
   - Warten auf Rückfragen!
4. **Wenn nötig: BRAND LÖSCHEN**
   - Sich selbst nicht in Gefahr bringen
   - Brand bekämpfen (Feuerlöscher oder Löschdecke)
   - Besondere Vorsicht bei Akkus! Explosionsgefahr!
   - Eintreffende Feuerwehr einweisen
5. **Wenn nötig: ERSTE HILFE LEISTEN**
   - Verletzte auf Lebenszeichen prüfen
   - Reanimation bei Kreislaufstillstand
   - Stillen von Blutungen
   - Verletzte in die stabile Seitenlage bringen
   - Rettungsdienst einweisen
6. **UNFALL MELDEN**
   - Unverzügliche Meldung des Unfalls an die Bundesstelle für Flugunfalluntersuchung u.a. bei:
     - Unfällen oder schweren Störungen
     - Beschädigung von Eigentum
     - Einer schweren oder tödlichen Verletzung

Abb. 55: Emergency Response Plan – Teil 1

Notfallplan bei „Fly-away“ des UAS
Das UAS fliegt trotz ausgelöster Terminierung weiter

- Name und Telefonnummer des nächsten ATM Betreibers:
  ____

Für Betrieb in Flugplatz/-hafennähe:

- Name und Telefonnummer des Flugplatzes/-hafens (Tower): ______________

REGELN
- **Ruhe bewahren**
- **Menschenrettung vor Eigentumsrettung**

1. BEI C2-LINK PROBLEM
- Verbindungsversuch mehrfach wiederholen
- Positionsänderung der Fernsteuerung oder Antenne am Boden (wenn möglich)

2. MELDUNG an Flughafen/Flugplatz in der Nähe
- Telefonische Meldung des Fly-aways an oben genannten Tower
  - Wer meldet?
  - Wo ist es passiert?
  - Was ist passiert?
  - Größe und Konfiguration des UAS
  - Letzte bekannte Flugrichtung
  - Geschätzte maximal mögliche Flugzeit
  - Geschätzte maximal erreichbare Flughöhe
  - Warten auf Rückfragen!

3. MELDUNG AN ATM-BETREIBER
- Telefonische Meldung des Fly-aways an den oben genannten ATM-Betreiber
  - Wer meldet?
  - Wo ist es passiert?
  - Was ist passiert?
  - Größe und Konfiguration des UAS
  - Letzte bekannte Flugrichtung
  - Geschätzte maximal mögliche Flugzeit
  - Geschätzte maximal erreichbare Flughöhe
  - Warten auf Rückfragen!

4. POLIZEI INFORMIEREN Tel.: 110
- Telefonische Meldung des Fly-aways und Warnung über möglichen Absturz
  - Wer meldet?
  - Wo ist es passiert?
  - Was ist passiert?
  - Warten auf Rückfragen!

Ort, Datum, Unterschrift (PIC): ______________________________

Abb. 56: Emergency Response Plan – Teil 2

3.3.6 Erzählung aus der Praxis

Für einen erfolgreichen Einsatz ist eine reibungslose Kommunikation zwischen Drohnenpiloten, Luftraumbeobachtern, Führungskräften und

Einsatzleitern entscheidend. Dafür ist es erforderlich, dass die Führungskraft auch übergreifend über verschiedene Feuerwehreinheiten und zusätzliche Hilfsorganisationen mit allen Drohnensteuerern und Luftraumbeobachtern gleichzeitig kommunizieren kann. Wenn dies nicht sichergestellt werden kann und bei der Ausbildung nicht ausreichend geübt wurde, könnte sich folgendes Szenario, basierend auf einem vergangenen Einsatz, erneut ereignen.

Beispiel aus der Praxis

Es gibt einen Entstehungsbrand am späten Abend nach einer Grillfeier im Wald. Die erste Feuerwehreinheit am Einsatzort, welche über kein Drohnenteam verfügt, stellt ihre gewohnte Kommandostruktur her. Sie fordert über die Einsatzzentrale weitere Einsatzkräfte aus Partnerorganisationen an. Die nächste Einheit trifft mit einer UAS-Staffel, bestehend aus Staffelführer, zwei Drohnenpiloten, Luftraumbeobachtern und Hilfspersonen am Einsatzort ein. Sie bringt nach Abstimmung mit der Einsatzleitung die erste Drohne in die Luft, um beispielsweise die Ausbreitungsrichtung des Feuers festzustellen. Wenige Minuten später trifft eine weitere Hilfsorganisation ein, die einen Drohnenpiloten mit einer privaten Drohne mitbringt. Dieser bekommt mit, dass zusätzlich zum Brand auch eine Person im Wald von der Gruppe, die das Feuer gemeldet hat, vermisst wird und fragt, ob er mit der Wärmebildkamera die Suche starten soll. Eine Person der Hilfsorganisation (nicht der Feuerwehr) bestätigt, dass dies sicher eine gute Idee wäre. Der Einsatzleiter befiehlt gleichzeitig eine Personensuche am Boden und aus der Luft, da ihm die parallele Suchaktion noch nicht berichtet wurde. Eine weitere Feuerwehreinheit mit Drohnengruppe bestätigt den Befehl und bereitet den Einsatz von einer anderen Seite des Waldes vor. Gleichzeitig wird auch ein Hubschrauber für die Suche angefordert, was jedoch nur der Drohnenpilot der zweiten Drohne vom Einsatzleiter per Funk mitbekommt. Es wird eine Aufteilung in zwei Sektoren vorgenommen, einen für den Hubschrauber, welcher in fünf Minuten eintreffen soll und ein weiterer Sektor für das Drohnenteam der Drohneneinheit der Feuerwehr am anderen Ende des Waldabschnitts. Der freiwillige Helfer der Hilfsorganisation hängt selbst weder in der Kommandostruktur noch hat er die Aufteilung der Sektoren mitbekommen und konzentriert sich auf seinen Bildschirm und die selbstständig begonnene Personensuche.

Er findet mehrere Hotspots und bemerkt plötzlich den herannahenden Hubschrauber, welcher ebenfalls für eine Suche in derselben Region tief über den Wald fliegt. Die Löscharbeiten sind ebenfalls in vollem Gange und die mündliche Mitteilung des ersten Drohnenpiloten an einen der Feuerwehrleute über mögliche Wärmequellen, die mit der Thermalkamera vom Piloten erkannt wurden, so genannte Hotspots,

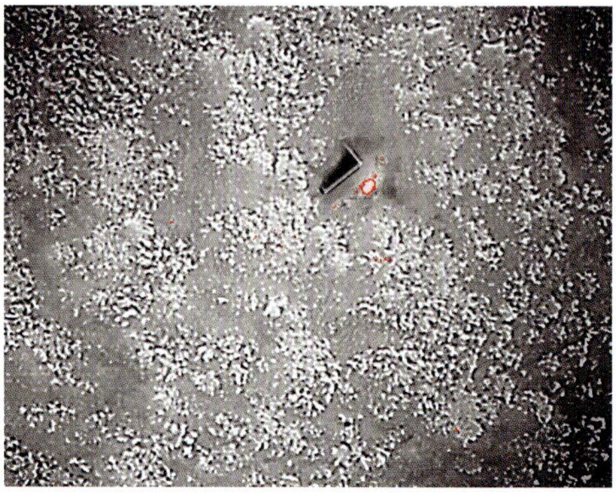

Abb. 57: Hotspot im Wald mit der Wärmebildkamera (Quelle: Nico Ninov)

geht in den gewohnten Arbeitsabläufen unter. Der erste Drohnenpilot der Hilfsorganisation muss sein Gerät landen, um den herannahenden Hubschrauber nicht zu gefährden. Dabei kreuzt er auf dem Rückflug auch den Weg der zweiten Drohne, von der er ebenfalls bisher nichts gewusst hat. Die freiwillige Hilfe war zwar bereits erfolgreich bei der Hotspotsuche, die nur noch von den Bodeneinheiten überprüft werden mussten, leider jedoch vergebens, da keine strukturierte Kommunikation und Aufgabenverteilung stattgefunden hatte. Ein vermeidbares Szenario, wenn man von Anfang an weitere Hilfsorganisationen ins Risikomanagement und die Einsatzplanung aufgenommen und während der Ausbildung und Übung berücksichtigt hätte.

3.4 Einsatzanalyse

Die Verwendung von Drohnen zur Sicherheit und Überwachung ist mittlerweile gang und gäbe. Insbesondere die Videoaufzeichnungen, die während des Einsatzes gemacht werden, können wertvolle Informationen liefern, um die taktische Planung für zukünftige Einsätze zu verbessern.

Die Videoaufzeichnungen der Drohnen können für eine genauere Einsatzplanung, für die Rettung und Hilfe während des Einsatzes, aber auch für die Bewertung des Einsatzes und für die Ausbildung der Einsatzkräfte genutzt werden. Um ein besseres Verständnis für zukünftige Einsätze zu erlangen, bei denen Videoaufzeichnungen taktisch eingesetzt werden, gibt es nachfolgend einige Beispiele.

Feuerwehr

Ein klassisches Beispiel für den Einsatz von Drohnen in der Feuerwehr sind Brände im Dachbereich von Gebäuden oder in den oberen Stockwerken. Während des Einsatzes kann eine Drohne das Dach aus der Luft überwachen und so exakte Informationen über die Lage des Brandes, den Grad der Ausbreitung und den optimalen Zugang für eine Brandbekämpfung liefern. Falls möglich, sollte die Drohne auch so positioniert werden, dass in einem Übersichtsbild die Positionen und Bewegungen der einzelnen Einsatzkräfte durchgehend sichtbar sind. Nach dem Einsatz können solche Videoaufzeichnungen in der Einsatzbesprechung verwendet werden, um zu analysieren, wie schnell sich das Feuer ausgebreitet hat und welche Maßnahmen am effektivsten waren, um den Brand zu löschen. Auf diese Weise können Verbesserungen für den nächsten Einsatz taktisch geplant werden.

Rettungsdienst

Ein weiteres Beispiel ist der Einsatz von Drohnen im Rettungsdienst. Insbesondere bei schwer zugänglichen Orten, wie in einem Waldgebiet oder in den Bergen, können Drohnen das Gebiet schnell und effizient überfliegen, um verletzte Personen zu lokalisieren oder den besten Rettungsweg zu finden. Die Drohnenkameras können auch Livestreams an die Notfallzentrale senden, um die Koordination von Rettungseinsätzen zu erleichtern. Diese Videos können bereits während der Einsatzbesprechung verwendet werden, um die Vorgehensweise zu bewerten und um zu sehen, ob möglicherweise eine Anpassung der Einsatztaktik erforderlich ist. Zudem zeigen sie, wie auf dieser Grundlage der nächste Einsatz verbessert werden kann.

Polizei

Doch nicht nur bei Feuerwehr und Rettungsdienst kann der Einsatz von Drohnen von Vorteil sein. Auch in der Polizeiarbeit können Drohnen eingesetzt werden, um Gebiete zu überwachen, beispielsweise bei Großveranstaltungen oder bei der Suche nach Personen. Während des Einsatzes können die Drohnen die Bewegungsabläufe von Personen, Fahrzeugen und anderen verdächtigen Aktivitäten erfassen. Die Videoaufzeichnungen der Drohnen können anschließend in der Einsatznachbesprechung verwendet werden, um die aufgenommenen Ereignisse zu bewerten und um mögliche Verbesserungen für die Zukunft zu identifizieren und taktische Einsatzpläne für bestimmte Situationen zu entwickeln, die vor Einführung der Drohnen beispielsweise nur mit einem Hubschrauber weniger umfangreich erfasst werden konnten.

Zusammenfassend lässt sich sagen, dass die Verwendung von Drohnen und deren Videoaufzeichnungen, insbesondere bei der Verwendung in Einsatznachbesprechungen, dazu beitragen kann, die taktische Planung für zukünftige Einsätze zu verbessern. Die Videoaufzeichnungen können in der Besprechung verwendet werden, um die Vorgehensweise zu bewerten, um mögliche Verbesserungen zu identifizieren und um die Ausbildung der Einsatzkräfte zu optimieren. Es ist zu erwarten, dass die Verwendung von Drohnenaufnahmen in Zukunft noch häufiger und effektiver in diesen Einsatzbesprechungen eingesetzt werden. Bei allen Blaulichtorganisationen, die bereits Drohnen während ihrer Einsätze nutzen, wird inzwischen mehr Zeit für die Nachbesprechung aufgewendet, da der Lerneffekt dadurch am größten ist. Die Video-Aufzeichnungen vergangener Einsätze aus der Luft sind in diesen Organisationen bereits fester Bestandteil der Ausbildungskonzepte für zukünftige Einsatzkräfte.

4 Einsatz

4.1 Vor Ankunft am Einsatzort

Bevor es zu einem Einsatz kommt, sollten die jeweiligen Rollen und Aufgaben innerhalb der Gruppe im Rahmen von Übungen vorab festgelegt werden. Verfügt die Einheit über lediglich eine Drohne, sollten mindestens zwei Drohnenpiloten und vier Luftraumbeobachter für den Einsatzfall ausgebildet und entsprechend ausgerüstet werden. Stehen nur ein Pilot und zwei bis drei Beobachter am Einsatzort zur Verfügung, kann dies für die meisten kleinen bis mittleren Einsätze, die die direkte Sicht des Drohnenpiloten auf die Drohne verhindern, ausreichen. Allerdings können kleinere Drohnenteams ein erhöhtes Risiko im Hinblick auf Kollisionen mit Personen oder Objekten darstellen, insbesondere wenn es an Luftraumbeobachtern fehlt.

Generell sollten zusätzliche Funkgeräte mitgeführt werden, wenn nicht alle Piloten und Beobachter über ein eigenes Funkgerät verfügen. Die Funkgeräte sollten entweder im Einsatzleitwagen oder in einem gesonderten Fahrzeug, das die Drohnenausrüstung transportiert, aufbewahrt werden. Die Anzahl der benötigten Funkgeräte hängt dabei von der größtmöglichen Anzahl möglicher Einsatzkräfte in einem Einsatzfall mit Drohne ab. Für die Kommunikation des Drohnenteams untereinander sollte ein eigener Kanal genutzt werden. Sobald der Alarm eingegangen ist, beginnt der Einsatz. Der Akkukoffer wird auf „Vollladen" gestellt, um den ersten Akku oder das erste Akkupaar von weniger als 90 % auf 100 % aufzuladen. Falls die Akkus separat gelagert sind, wird mindestens ein Akku im Fahrzeug zum Laden eingesteckt, während das Fahrzeug das Feuerwehrdepot verlässt und zum Einsatzort fährt. Dies gewährleistet, dass die maximale Flugzeit bereits mit dem ersten Flugakku oder Akkupaar erreicht wird.

4.2 Während des Einsatzes

Nach der Ankunft am Einsatzort werden die jeweiligen Funktionen den beteiligten Personen zugewiesen. Jede Drohne erhält mindestens einen Drohnenpiloten und einen Luftraumbeobachter. Sollen mehrere Drohnen gleichzeitig eingesetzt werden, wird ein übergeordneter Staffelführer bestimmt, der direkt mit dem Einsatzleiter kommuniziert und die Rolle der Führungskraft übernimmt. Der Staffelführer bestimmt auch, wie viele zusätzliche Luftraumbeobachter für den Einsatz benötigt werden. Sobald alle notwendigen Personen am Einsatzort sind und die Ausrüstung einsatzbereit ist (die Drohne am Startplatz und der Pilot mit Fernsteuerung in der Hand), wird der Staffelführer informiert und der erste Befehl des Einsatzleiters ausgeführt, was zum Beispiel das Senden eines Live-Überblickbildes an den Einsatzleitwagen sein könnte. Dafür muss zunächst die Kommunikation zwischen den Drohnenpiloten, Luftraumbeobachtern und gegebenenfalls dem Staffelführer als Führungskraft hergestellt werden. Anschließend erfolgt jeder Befehl nach den typischen Führungsprozessen der jeweiligen Organisation.

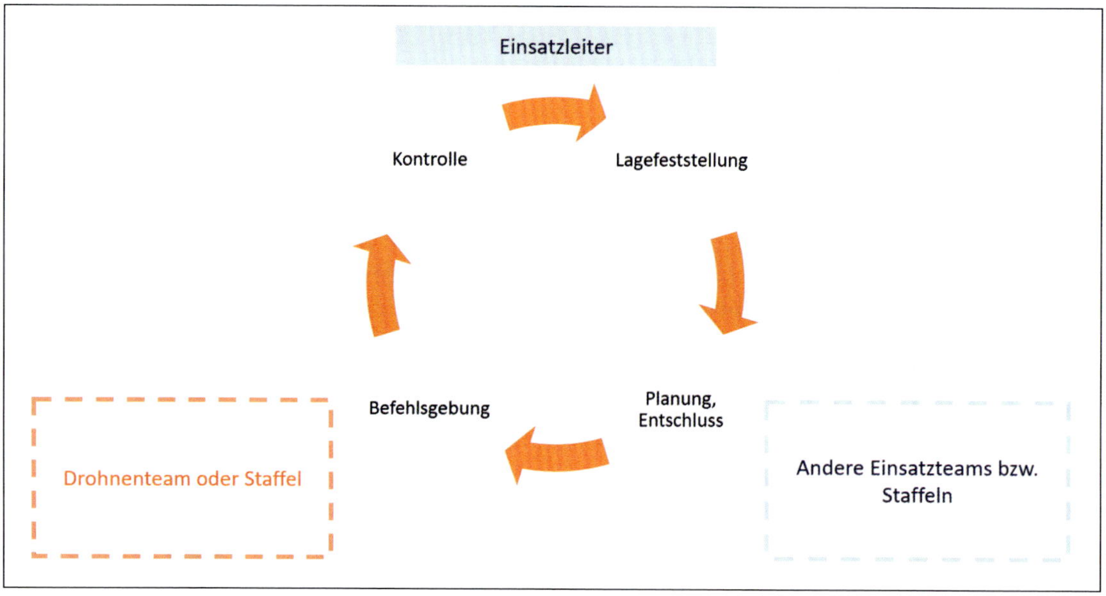

Abb. 58: Typischer Führungsprozess einer Feuerwehr (Quelle: Nico Ninov)

4.2.1 Gefährdungsbeurteilung vor Ort

Risikomanagement

Vor und während eines Einsatzes wird eine kontinuierliche Bewertung der Risiken durchgeführt. Neben den offensichtlichen Gefahren wie Abstürzen, drehenden Rotoren, Notlandungen oder Kollisionen mit anderen Objekten wie Gebäuden, Bäumen oder anderen Luftfahrzeugen, gibt es weitere Risiken, die zu Sach- und Personenschäden führen können. Dazu gehören Materialermüdung und Verschleiß, insbesondere bei Akkus und Motoren, die durch regelmäßige Materialkontrollen und Wartung nach einem vorgegebenen Wartungsplan minimiert werden können. Witterungsbedingte Risiken während des Fluges sowie der Einfluss von Tieren wie Greifvögeln oder Vogelschwärmen in der Luft müssen ebenfalls berücksichtigt werden. Es ist auch erforderlich, eine Gefährdungsbeurteilung zur Einhaltung der Arbeitssicherheit durchzuführen, angefangen mit der Missionsvorbereitung über die Auswahl geeigneter Drohnen und Festlegung des Ausbildungsniveaus der verschiedenen Rollen bis hin zur Durchführung der Einsätze (siehe Kapitel 2).

4.2.2 Drohnenmanagement

Das Management verschiedener Drohnen ist erforderlich, um effizient und professionell zu arbeiten. Dabei müssen insbesondere das Akkumanagement und spezielle Verfahren beim Wechseln der Drohnen während eines Einsatzes berücksichtigt werden. Eine Checkliste kann dabei helfen, insbesondere wenn mehrere Drohnen eingesetzt werden. Auch kleinere Einheiten mit nur einem oder zwei Drohnenpiloten können davon profitieren und eine vereinfachte Form nutzen.

Akkumanagement

Während eines Drohneneinsatzes kümmern sich in der Regel Hilfspersonen um das Akkumanagement, die nicht direkt am Flug oder Einsatz beteiligt sind. Um Alterungserscheinungen vorzubeugen, ist es ratsam, ein gesondertes Logbuch über die Anzahl der Ladezyklen und das Alter jedes Akkus zu führen. Besondere Ereignisse wie der Einsatz bei extremen Temperaturen sollten ebenfalls notiert werden. Dabei sollte darauf geachtet werden, dass die zulässigen Umgebungstemperaturen des Herstellers nicht mit den zulässigen Lagertemperaturen verwechselt werden. Die Lagertemperatur umfasst typischerweise einen größeren Temperaturbereich. So kann ein Lithium-Polymer-Akku ohne eigene Wärmefunktion zwar bei -15 °C gelagert werden, jedoch erst bei +15 °C Akku-Kerntemperatur betrieben werden. Dazu muss die Umgebungstemperatur wärmer als 5 °C sein. Bei Drohnen, die mit mehreren Akkus gleichzeitig fliegen, sollten immer dieselben Akkupaare verwendet werden, um die maximale Flugzeit und Lebensdauer zu erreichen. Die Akkupaare werden typischerweise durch Buchstaben und/oder Zahlen entsprechend gekennzeichnet und sollten gemeinsam verwendet und geladen werden. Die erste und zweite Akkuwarnstufe können die Drohnenpiloten vor jedem Flug selbst konfigurieren. Wenn ein Akku mehr als 100 Ladezyklen aufweist, sollte er entsprechend gekennzeichnet werden und nach 200 Ladezyklen nicht mehr für BOS-Einsätze verwendet werden. Es empfiehlt sich, Akkus dauerhaft an der Ladestation zu haben und nach jeder Landung den entladenen Akku sofort in die Ladeinfrastruktur mit aktiver Kühlung einzustecken. Eine genaue Berechnung der benötigten Anzahl an Akkus ist im Abschnitt über Akkumanagement in Kapitel 2 zu finden.

Abb. 59: Ladung mehrerer Akkus einer DJI-M30T an einem mobilen Batteriesystem (Quelle: Nico Ninov)

Drohnentausch in der Luft

Wenn eine Drohneneinheit mehrere Drohnen hat, ist es sinnvoll, im Rahmen eines Einsatzes die Drohne in der Luft auszutauschen, um eine höhere Einsatzverfügbarkeit des Dienstes während des Akkuwechsels zu gewährleisten. Bei Einheiten mit mehreren Drohnen kann auf diese Weise ein kontinuierlicher Live-Stream für die Einsatzleitung bereitgestellt werden, indem die zweite Drohne gestartet wird, sobald die erste Drohne eine Akkuwarnung gibt. Die zweite Drohne nimmt dann eine seitlich leicht versetzte Flugposition neben und unter der ersten Drohne ein und richtet ihre Kamera entsprechend dem Einsatzbefehl aus. Der Live-Stream-Kanal kann dann am Bildschirm des Einsatzleiters umgeschaltet werden. Anschließend kann die erste Drohne zum Akkuwechsel zurückfliegen, wobei die Return-to-Home-Funktion genutzt werden kann, um Kollisionen mit der zweiten Drohne auszuschließen.

Checkliste

Checklisten können beim Einsatz von Drohnen durch Rettungskräfte hilfreich sein, da sie eine systematische Überprüfung der Ausrüstung und der geplanten Maßnahmen ermöglichen und so die Effizienz und Sicherheit des Einsatzes erhöhen können.

Eine Checkliste für die Vorbereitung eines Drohneneinsatzes sollte mindestens folgende Punkte umfassen:

- Überprüfung der Drohne auf Beschädigungen oder technische Probleme
- Überprüfung der Batterie und der Fernsteuerung
- Überprüfung der Wetterbedingungen und des Umfelds
- Überprüfung der Sicherheitsmaßnahmen für den Einsatzort, z.B. Sperrgebiete oder Hindernisse

Eine vollständige Checkliste wird exemplarisch im Folgenden dargestellt und kann Rettungskräfte daran erinnern, wichtige Aspekte bei der Vorbereitung und Durchführung eines Drohneneinsatzes zu berücksichtigen. Dies kann dazu beitragen, dass mögliche Risiken und Probleme frühzeitig erkannt und vermieden werden können, was letztendlich dazu beitragen kann, Leben zu retten.

Darüber hinaus können Checklisten für spezielle Einsatzszenarien erstellt werden, die bei Bedarf abgerufen und zwischen mehreren Beteiligten abgearbeitet werden können. Eine Checkliste beispielsweise für den Wechsel von Drohnen in einem Rettungseinsatz mit niedrigem Akku oder einem technischen Problem sollte folgende Punkte enthalten:

Vorbereitung:

- Überprüfen Sie den Ladezustand der Ersatzdrohne und stellen Sie sicher, dass die Drohne und deren Fernsteuerung vollständig aufgeladen sind.
- Stellen Sie sicher, dass die Ersatzdrohne über die erforderliche Payload und Sensorik sowie eine geeignete Speicherkarte verfügt.

Vorab Checkliste (mind. 1 Tag vor Abflug)

- ☐ Lizenz gültig
- ☐ Betreiberregistrierung gültig
- ☐ Versicherung gültig
- ☐ Flugroute / -gebiet geplant
- ☐ Luftraum und Hindernisse ok
- ☐ NOTAMs geprüft
- ☐ Wetter geprüft
- ☐ Erforderliche Genehmigungen ok
- ☐ Drohne ist flugfähig
- ☐ Software und Firmware aktualisiert
- ☐ Akkus aufgeladen
- ☐ Fernsteuerung / Bodenstation geladen
- ☐ Ausrüstung vorbereitet / gepackt
- ☐ Speicherkarten vorbereitet

Ausrüstung

- ☐ Benötigte Ausrüstung bereit
- ☐ Speicherkarten einsatzbereit
- ☐ Ersatzakku vorhanden
- ☐ Kamera funktionsfähig
- ☐ Bodenstation betriebsbereit
- ☐ Betriebshandbuch vorhanden
- ☐ Windmesser vorhanden
- ☐ Ladegerät vorhanden
- ☐ Wetterinformationen aktualisiert
- ☐ NOTAM-Informationen aktualisiert

Nützliche Links zur Flugvorbereitung und Dokumentation

Flugverbotszonen prüfen:	nicopter.net/map
Wettersituation prüfen:	nicopter.net/wind
Aktuelle NOTAMs prüfen:	nicopter.net/notam
ICAO Karte prüfen:	nicopter.net/icao
Bemannte Luftfahrt in der Nähe:	nicopter.net/flights
Hilfe z.B. bei Genehmigung:	nicopter.net/hilfe

Vor dem Start (am Abflugort)

- ☐ Fitness ok („I'M SAFE")
- ☐ Equipment zusammengebaut
- ☐ UAS zusammengebaut
- ☐ UAS auf Beschädigungen geprüft
- ☐ Propeller fest und freiläufig
- ☐ Batteriespannung und Temperatur
- ☐ Batterie fest eingesetzt
- ☐ Kompass kalibriert
- ☐ RTH Home und Höhe eingestellt
- ☐ Flugmodus eingestellt (GPS/Atti/Manuell)
- ☐ Max. Flughöhe eingestellt
- ☐ Signalstärke und Empfang ok
- ☐ GPS-Empfang und Satelliten ok
- ☐ Kamerarahmen funktionsfähig
- ☐ Kamera fest und korrekter Modus
- ☐ MTOM ok (Nutzlast)
- ☐ Wetter / Wind aktualisiert
- ☐ Luftraum / Umgebung geprüft
- ☐ Mobiltelefon: WLAN&Bluetooth aus
- ☐ Zuschauer informiert

Nach dem Start auf 1 Meter Höhe

- ☐ Steuerung ok
- ☐ Signalstärke ok
- ☐ Keine Abnormalitäten
- ☐ 20 s Schwebeflug ok

Nach der Landung

- ☐ UAS ausschalten (zuerst)
- ☐ Fernsteuerung ausschalten
- ☐ Kamera / Payload ausschalten
- ☐ UAS auf Beschädigungen prüfen

Nach dem gesamten Flug

- ☐ Akku entfernt / entladen
- ☐ Flugdokumentation

© Nico Ninov

Abb. 60: Exemplarische Checkliste für den Drohnentausch (Quelle: Nico Ninov)

- Schalten Sie die Ersatzdrohne ein.
- Überprüfen Sie den GPS-Status und die Verbindung zur Bodenstation.

Der Wechsel:

- Informieren Sie das Bodenteam und andere Rettungskräfte über den Wechsel.
- Fliegen Sie die Ersatzdrohne zur gleichen GPS-Position einige Meter unter die ursprüngliche Drohne.
- Stellen Sie die Sensoren ein und richten Sie die Kamera entsprechend aus, um die gleiche Ansicht wie die ursprüngliche Drohne zu liefern.
- Schalten Sie am Empfangssystem (Server, Bildschirm, Streaming-Dienst) auf den neuen Stream um.

Nach dem Wechsel:

- Stellen Sie sicher, dass die ursprüngliche Drohne sicher gelandet ist.
- Schalten Sie die ursprüngliche Drohne aus.

- Informieren Sie das Bodenteam und andere Rettungskräfte, dass der Wechsel erfolgreich durchgeführt wurde.
- Entfernen Sie den leeren Akku aus der ursprünglichen Drohne und setzen Sie einen geladenen Akku ein, beheben Sie ggf. weitere technische Probleme, damit die Drohne wieder startbereit ist.

4.2.3 Besonderheiten am Einsatzort

Insbesondere bei größeren Einsätzen, die über einen längeren Zeitraum andauern, kann es vorkommen, dass sich am Boden im Start-/Landebereich zunehmend weitere Einsatzkräfte wie beispielsweise die Polizei oder medizinische Rettungskräfte aufhalten, die auf ihren Einsatz nach dem Löschen des Brandes oder dem Finden vermisster Personen warten. Deshalb ist es sinnvoll, einen gut gekennzeichneten Start- und Landebereich mit einem zusätzlichen Notlandebereich zu versehen, falls eine Landung am ursprünglichen Startpunkt nicht möglich ist.

Bei Rettungseinsätzen über Wasser empfiehlt es sich, standardmäßig einen Lautsprecher an der Drohne anzubringen, um eine gefundene Person, die sich beispielsweise an einem Ast oder Stein festhält, auf die bevorstehende Rettung vorzubereiten und entsprechend anzuweisen. Das gleiche gilt für zusätzliche Leuchtmittel wie beispielsweise einen Suchscheinwerfer bei Einsätzen in der Nacht oder in dunklen oder schwer zugänglichen Bereichen wie einem Höhlenvorsprung im Gebirge.

Abb. 61: Rettungslinie aus Suchbooten im Rhein bei der Wasserrettung (Quelle: Nico Ninov)

4.3 Nach dem Einsatz

Nach jedem Einsatz werden die Akkus auf eine Lagerspannung von 90 % geladen und die Geräte vollständig gereinigt und gegebenenfalls abgetrocknet, wenn der Einsatz bei hoher Luftfeuchtigkeit, Kälte oder im Regen stattgefunden hat. Des Weiteren werden die Drohnen und das benutzte Zubehör auf Beschädigungen oder Verschleiß hin überprüft. Dazu wird das Abarbeiten einer Checkliste empfohlen, was typischen Ausfallerscheinungen vorbeugen soll. Dazu gehören zum Beispiel:

- Beschädigungen (auch leichte Risse) am Gehäuse oder an den Propellern
- Verschmutzungen an der Sensorik wie Kameras für die Hinderniserkennung oder Ultraschallsensoren zur Abstandsmessung
- Verschmutzungen an den Motoren des Gimbals, die dem Piloten im Flug möglicherweise nicht auffallen
- Lockere Schrauben, mit denen die Propeller am Schnellverschluss befestigt sind und die durch Vibrationen entstehen
- Lockere Kontakte an der Fernsteuerung aufgrund von Bewegungen der Antennen im Einsatz oder beim Transport
- Lockere Steuerknüppel an der Fernbedienung, falls diese dauerhaft in der Fernsteuerung belassen werden
- Verrutschte Modus-Schalter, wenn beim Einsetzen in den Koffer oder Rucksack zum Beispiel von der gewünschten Mittelstellung des P-Modus (GPS-Position-Hold) auf den S-Modus (Sportmodus) oder den T-Modus (Tripod) umgeschaltet wird

Abb. 62: Ein kleiner Riss an der Verschraubungsstelle einer DJI Mavic Enterprise Advanced verursacht durch Vibrationen (Quelle: Nico Ninov)

4.4 Aus der Praxis

Bericht eines Einsatzleiters der Feuerwehr zu der Frage „Was war bisher die größte Herausforderung, bei der Drohnen helfen konnten?“

Als Einsatzleiter der Feuerwehr werde ich um 01:37 Uhr zu einem Brand in einem mehrstöckigen bewohnten Gebäude gerufen. Sofort begebe ich mich mit meinem Team zum Einsatzort und beginne mit der Lagebeurteilung. Dabei stelle ich fest, dass sich noch mehrere Personen im brennenden Gebäude befinden.

Die Lage vor Ort ist äußerst herausfordernd, da das brennende Gebäude 18 Stockwerke hoch ist und sich viele Menschen über den brennenden Stockwerken fünf bis sieben in Gefahr befinden. Es gilt nun, schnell und effektiv zu handeln, um Menschenleben zu retten und den Brand unter Kontrolle zu bringen.

Als Erstes entsende ich eine Gruppe mit Atemschutzgeräten in das Gebäude, um die Personen zu suchen und zu retten. Währenddessen befehle ich, die erste Drohne in die Luft auf 100 m steigen zu lassen, um einen Überblick über die Lage zu bekommen und die Einsatzkräfte von oben besser zu koordinieren.

Die Drohne liefert uns innerhalb von drei Minuten wichtige Informationen und Aufnahmen, die uns helfen, den Brand besser einzuschätzen. So erkennen wir zum Beispiel, dass das Feuer sich schnell in eine

Abb. 63: Beispielfoto eines Hochhausbrands (Quelle: Pexels)

bestimmte Richtung ausbreitet und auch die oberen zwei Stockwerke bereits betroffen sind.

Ich alarmiere daraufhin weitere Feuerwehreinheiten und fordere auch die Unterstützung von Rettungsdiensten und einen Hubschrauber zur möglichen Rettung vom Dach des Gebäudes an. Ich lasse auch die Wasserversorgung sichern und befehle eine Löschwand. Dabei sorge ich dafür, dass genügend Löschwasser vorhanden ist, um das Feuer effektiv zu bekämpfen und eine Ausbreitung auf Nachbargebäude zu verhindern. Ich befehle drei zusätzliche Drohnen auf die jeweiligen Seiten des Gebäudes mit ausreichend seitlichem Abstand, damit der Luftraum direkt über dem Gebäude für den Rettungshubschrauber frei bleibt.

Dank des Einsatzes der Drohnen gelingt es uns, die Lage besser zu überblicken und die Einsatzkräfte gezielt zu koordinieren. Die Gruppen mit Atemschutzgeräten schaffen es, alle Personen aus dem Gebäude unterhalb des Brandes zu evakuieren, und auch das Feuer kann nach einer halben Stunde unter Kontrolle gebracht und weitere Ausbreitung verhindert werden. Die Rettung der weiteren Personen erfolgt über das Dach, während die Löscharbeiten noch andauern.

Insgesamt war der sechsstündige Einsatz ein großer Erfolg, da es uns gelungen ist, alle Personen aus dem brennenden Gebäude zu retten und das Feuer schnell unter Kontrolle zu bringen. Der Einsatz hat jedoch auch gezeigt, wie wichtig eine gute Vorbereitung und effiziente und frühzeitige Koordination bei Feuerwehreinsätzen ist, um in derartigen Notfällen schnell und effektiv handeln zu können.

Nach dem Einsatz war es mir besonders wichtig, eine umfassende Einsatzanalyse unter Zuhilfenahme der Drohnenaufnahmen mit dem gesamten Team durchzuführen, um zu überprüfen, welche Maßnahmen erfolgreich waren und wo es Verbesserungspotenzial gibt. Auch die Drohne wurde von den Technikern überprüft und gewartet, um sicherzustellen, dass sie im nächsten Einsatz wieder einsatzbereit ist. Besonders der Einfluss von Hitze und Rauch kann in der Elektronik langfristige Schäden verursachen, die erst nach mehreren Einsätzen zum Vorschein kommen.

Nach der Einsatzanalyse lassen wir unsere Erkenntnisse in unsere Notfallpläne und unsere Ausbildung für neue Feuerwehrkräfte integrieren, um uns noch besser auf zukünftige Einsätze dieser Größe vorzubereiten. Der Einsatz hat gezeigt, wie wichtig eine schnelle und effektive Reaktion in Notfällen ist und wie der Einsatz moderner Technologien wie Drohnen dabei helfen kann, Leben zu retten und Sachschäden zu minimieren.

Ablauf eines automatisierten Einsatzszenarios mit stationären Drohnen in den USA

Aus dem Interview mit Mitgliedern von DRONERESPONDERS [33], einem US-amerikanischen gemeinnützigen Programm zur Förderung von UAS in der öffentlichen Sicherheit, wird im Folgenden dargestellt, wie bei den Rettungskräften im Rahmen von Pilotprojekten der automatisierte Einsatz von Drohnen mit anderen Luftfahrzeugen wie Hubschraubern koordiniert wird.

Der Einsatz von Drohnen als sogenannte automatisierte Ersthelfer ermöglicht es, routinemäßig bei jedem Rettungseinsatz als Luftunterstützung sehr schnell ein Übersichtsbild zu liefern, noch bevor die ersten Einsatzkräfte vor Ort eintreffen. In der Anfangsphase des Projekts werden die Drohnen noch von einem visuellen Beobachter auf dem Dach, auf dem die Drohne immer startbereit ist, begleitet, der dabei auf andere Luftfahrzeuge achtet und im Notfall in die automatisierte Drohnensteuerung eingreift, das Gerät absenkt oder zurückruft, um einen Zusammenstoß zu vermeiden. Die Beobachter kennen darüber hinaus die Bereiche, in denen andere Luftfahrzeuge normalerweise operieren, halten Kontakt mit den Flugverkehrskontrollstellen sowie Luftfahrzeugen und informieren entsprechend über ihre Betriebsabläufe. Dabei steht die Sicherheit an erster Stelle. Das heißt, dass auch sie sich an die geltenden Regeln halten müssen, um einen sicheren und professionellen Betrieb zu gewährleisten. Damit Zusammenstöße zwischen den Ersthelferdrohnen und Hubschraubern vermieden werden, wurden Regeln für das sichere Zusammenspiel von bemannter und unbemannter Luftfahrt festgelegt. Die eigentliche Steuerung der Drohne bzw. der Kameras und Sensoren der Ersthelferdrohnen erfolgt von einem zentralen Kommandozentrum aus, beispielsweise eingegliedert in der Einsatzleitzentrale der Feuerwehr oder Polizei.

Die Verwendung von Drohnen kann auch dazu beitragen, das Vertrauen in die Transparenz der Rettungsaktionen zu stärken. DRONERESPONDERS hat damit begonnen, einzelne Aufzeichnungen von Einsätzen zu Schulungszwecken für andere Einheiten zu publizieren. Dadurch bekommt auch die Bevölkerung einen besseren Einblick in Einsätze.

Ziel des Einsatzes von Drohnen bei den Rettungskräften ist grundsätzlich, die Sicherheit von Bürgern und Einsatzkräften zu erhöhen. So wurde im Interview ein Beispiel genannt, bei dem eine Drohne erfolgreich eingesetzt wurde, um eine potenziell gefährliche Situation zu beobachten und zu deeskalieren. Bei der Polizei wird mit Drohnen-

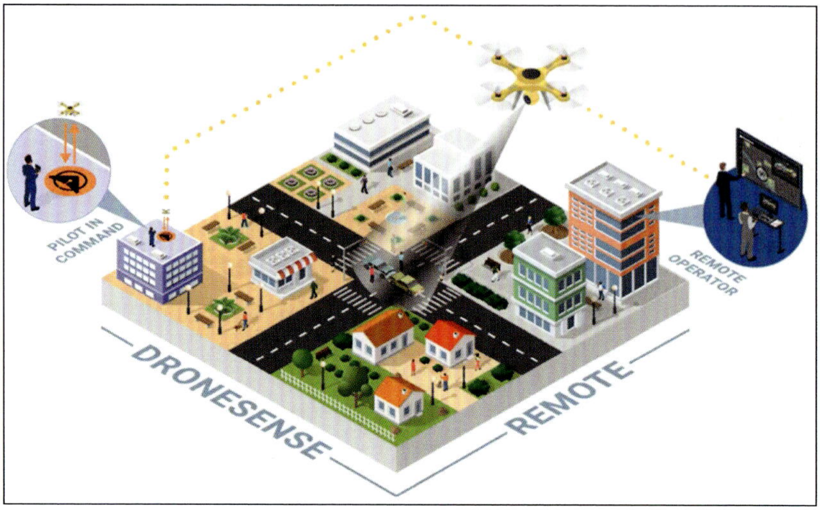

Abb. 64: DRONERESPONDERS – schematische Darstellung (Quelle: DRONERESPONDERS)

einsätzen das Ziel verfolgt, das Situationsbewusstsein vor Ort zu verbessern und die Chancen auf eine positive Lösung zu erhöhen. Hierbei wurde ein tragischer Vorfall als Auslöser für die Idee der Drohne als automatisierter Ersthelfer erwähnt, bei dem möglicherweise ein Drohneneinsatz geholfen hätte, um die Situation besser zu verstehen und eine bessere Herangehensweise zu finden.

Im Jahr 2018 entwickelte Fritz Reber, Gründer von DRONERESPONDERS, die Idee, Drohnen automatisiert als Erstretter bei Rettungseinsätzen einzusetzen. Zusammen mit einem Team, bestehend aus Personen mit unterschiedlichen Kompetenzgebieten, wurde geforscht und entsprechende Software entwickelt, um das Konzept von Drohnen als Erstretter umzusetzen. Auch ein Betriebskonzept (ConOps) wurde erstellt. Das Integration Pilot Program (IPP) der US-amerikanischen Bundesluftfahrtbehörde (FAA) half dabei, wichtige Ausnahmeregelungen zu erhalten. Ziel war es, Drohnen innerhalb von zweieinhalb Minuten über den Einsatzort in einem Kilometer Luftradius zu bringen, um so schnell wie möglich bei Notfällen helfen zu können. Durch den Einsatz von Drohnen kann das taktische Vorgehen geändert und eine bessere Übersicht über die Lage gewonnen werden. Dies führt zu einer Reduktion von gefährlichen Situationen und ermöglicht die Einleitung gezielterer Maßnahmen. Der Fernpilot im Kontrollzentrum spielt dabei eine wichtige Rolle, da er in einer kontrollierten Umgebung die Drohne fernsteuert und so das Einsatzpersonal vor Ort entlastet.

Abb. 65: Mehrere Fahrzeuge im Vollbrand – Kaum Sichtweite am Boden (Quelle: Stefan Marty)

Die Drohnen sind vollständig in die Einsatzoperationen integriert und können in weniger als zweieinhalb Minuten am Einsatzort sein. Jede Drohne wird von einem Fernpiloten im Kontrollzentrum gesteuert, der die eingehenden Notrufe überwacht und die am nächsten gelegene Drohne aktiviert. Die Drohnen sind mit Scheinwerfer, Lautsprecher, RGB- und Thermalkameras ausgestattet und können als Beobachter agieren, um den Einsatzkräften am Boden Unterstützung aus der Luft zu bieten. Die Drohnen können auch Beweismittel sammeln, die in Gerichtsverfahren verwendet werden. Obwohl sie Einsatzkräfte am Boden beziehungsweise Hubschrauber nicht ersetzen können, können Drohnen 90 % der Aufgaben eines Hubschraubers zu einem Bruchteil der Kosten erledigen. Auch bei einem Brand, der sich schnell ausbreiten kann, wie z.B. auf einem großen Parkplatz, hilft eine Aufklärungsdrohne, um die Notwendigkeit weiterer Einsatzkräfte festzustellen, noch bevor die ersten Einheiten am Einsatzort eintreffen.

Der Einsatz von Drohnen bei den Rettungskräften kann helfen Leben zu retten. Es geht bei dem DRONERESPONDERS-Projekt insbesondere darum, dass die Rettungskräfte in erster Linie als solche auftreten und nicht als Drohnenpiloten. Die Drohnen müssen von professionellen Piloten kontrolliert werden, um sicherzustellen, dass alle Vorschriften der Luftfahrtbehörden sowie Best Practices eingehalten werden. In Chula Vista konnten seit Projektstart innerhalb von drei Jahren über 3.200 Notrufe mit Drohnen ohne Einsatz von Rettungskräften der Polizei, Feuerwehr oder Rettungsdiensten abgewickelt werden, was eine enorme Erleichterung für die Organisationen und nicht zuletzt das Budget darstellt. Der Einsatz von Drohnen kann somit Rettungskräfte entlasten, Kosten senken und gleichzeitig die Verfügbarkeit erhöhen. Jedes Polizei- und Rettungsteam, das zu einem unverhältnismäßigen Notruf nicht weiter vorrücken muss, ist ein Team mehr, das für den nächsten, dringenden Notruf bereitsteht.

Beispieleinsatz als Auslöser für die Idee der Drohne als automatisierter Ersthelfer

Bei einem Polizeieinsatz in Kalifornien (USA) im Jahr 2016 kam es zu einem tragischen Ereignis mit einer geistig gestörten Person. Mehrere Teams aus jeweils zwei Polizisten kamen am Einsatzort in der Fußgängerzone der Innenstadt an und versuchten, einen aufgeregten Mann mittleren Alters mit einem Objekt in der Hand, das aussah wie eine Handfeuerwaffe, zu beruhigen. Dieser fühlte sich durch die schnell zunehmende Anzahl heraneilender Einsatzkräfte bedrängt und kam der Aufforderung der Polizei, alles fallen zu lassen, nicht nach. Einer der Polizisten fühlte sich aufgrund der vermeintlichen Handfeuerwaffe bedroht und gab einen tödlichen Schuss auf den Mann ab. Später stellte sich heraus, dass es sich bei dem Objekt um eine Art elektrische Zigarette in der Form einer Handfeuerwaffe handelte, aus der sogar noch Dampf kam. Dieses Szenario lieferte die Motivation für den Start des Projekts DRONERESPONDERS. Fritz Reber war überzeugt, dass eine Drohne mit einem Lautsprecher den Mann viel früher hätte beruhigen können, noch vor dem Eintreffen eines Großaufgebots an Einsatzkräften. Die Drohne hätte womöglich sogar das Anfordern vieler Einsatzkräfte verhindern können, wodurch die Situation überhaupt erst eskalierte. Möglicherweise hätte sogar durch die qualitativ hochwertigen Zoom-Kameras das Objekt viel schneller erkannt werden können.

Beispieleinsatz mit Drohne als automatisierter Ersthelfer

Unterstützung bei Polizeieinsätzen

Eine vergleichbare Situation ereignete sich nur zwei Jahre später in einem Park in Kalifornien, bei dem ein junger Mann andere Personen im Park mit einem Feuerzeug, das aussah wie eine Handfeuerwaffe, verängstigte. Eine der Personen, die sich im Park bedroht fühlte, rief den Notruf 911, woraufhin innerhalb von zwei Minuten eine Drohne am Park eintraf und über dem Mann schwebte. Die Einsatzleitzentrale konnte über die Live-Videoübertragung der Drohne beobachten, wie eben jener Mann eine Zigarette herausholte und diese mit dem Feuerzeug entzündete und daraufhin die Drohne bemerkte. Das UAS war als Polizei-Drohne gekennzeichnet. Der Mann wurde über den Lautsprecher aufgefordert, die Waffe fallen zu lassen und sich einige Meter in Richtung der nächsten Straße zu begeben, wo die Polizei bereits auf ihn wartete, um ihn in Gewahrsam zu nehmen. Er musste ein Bußgeld zahlen und der Einsatz war vorüber. Dieses Szenario ist ein perfektes Beispiel dafür, wie eine Drohne als automatisierter Ersthelfer eine Situation deeskalieren konnte, ohne dass bewaffnete Polizisten ausrücken und dem Mann mit gezogener Waffe begegnen mussten. Dies stellte nicht nur für die Polizisten einen weniger risikobehafteten Einsatz dar; auch für den Mann war die Situation weniger lebensbedrohlich.

Unterstützung bei Such- und Rettungsaktionen

Das San Antonio Police Department nutzt Drohnen auch für seine Such- und Rettungsmissionen sowie für die Überwachung und Verkehrsunfallermittlungen. Es wurde seit 2019 eine solide Infrastruktur aufgebaut, um den Einsatz von Drohnen in einem stark frequentierten Luftraum zu ermöglichen, der mehrere Delta-Flughäfen und Luftwaffenbasen umfasst. Man hat erfolgreich mit der FAA zusammengearbeitet, um eine Genehmigung für den Einsatz von Drohnen in der gesamten Stadt zu erhalten. Obwohl die Drohnen eine Vielzahl von Aufgaben übernehmen können, ersetzen sie nicht vollständig den Helikopter-Einsatz, da zum Beispiel das Retten von Verletzten oder das Verfolgen von Autos über viele Kilometer über die Stadtgrenzen hin-

Abb. 66: Mehrere Einsatzfahrzeuge, die zugeparkt sind (Quelle: Nico Ninov)

aus aufgrund der Streckenlänge noch immer von einem Hubschrauber durchgeführt werden muss.

Es geht hierbei jedoch nicht allein darum, Drohnen als kostengünstige Alternative zu Helikoptern zu nutzen. Drohnen können auch als Ergänzung zur Unterstützung von Helikopterpiloten bei Großereignissen eingesetzt werden und tragen bereits heute dazu bei, die Koordination der Einsatzkräfte zu verbessern und somit mehr Leben zu retten.

Bereits zu Beginn eines Einsatzes muss die Position der Einsatzfahrzeuge gut geplant werden, wenn wenig Fläche zu Verfügung steht, wie beispielsweise in der obigen Abbildung. Hier hätte eine Drohne verhindern können, dass bei dieser Personensuche im Wald, sich Einsatzfahrzeuge gegenseitig zuparken.

Fazit

Insgesamt erscheint der Einsatz von Drohnen als Ersthelfer sehr sinnvoll. Die Idee ist, dass Drohnen von verschiedenen festen Punkten auf Gebäudedächern, die über die gesamte Stadt verteilt sind, ständig einsatzbereit sind und innerhalb von etwa zwei bis drei Minuten an einem Einsatzort sein können. Geht ein Notruf ein, kann die Drohne umgehend gestartet werden und den menschlichen Ersthelfern (Polizei, Feuerwehr, Rettungsdienst usw.) Live-Videomaterial von der Situation vor Ort liefern, was ihre Reaktionszeit und ihre Fähigkeit, angemessene Maßnahmen zu ergreifen, erheblich verbessert. Dadurch wird die Drohne zu einem wirksamen Deeskalationsinstrument, da sie den Einsatzkräften eine bessere Übersicht und bessere Informationen zur Verfügung stellt, um ihre Einsatztaktik zu planen, Einsatzfahrzeuge zu positionieren und sicherere Lösungen zu finden. Zudem wird eine Fernpilotenrolle eingeführt, in der ein erfahrener Drohnenpilot die Drohne aus einer kontrollierten Umgebung im Kommandozentrum heraus steuert bzw. überwacht, um den Einsatzkräften unterstützende Hinweise zu geben. Diese Rolle ist nicht neu und wird bereits bei Rettungseinsätzen vom Hubschrauberpiloten oder dessen Co-Piloten übernommen. Die Ausbildungskosten für Hubschrauber- und Drohnenpiloten sind zwar vergleichbar. Jedoch müssen für eine große Stadt lediglich dreimal so viele Fernpiloten vorgehalten werden, wie Drohnen auf den Dächern verteilt sind. Somit kann eine ständige Einsatzbereitschaft 24/7 mit weniger Personal im Dreischichtbetrieb sichergestellt werden. Im Vergleich dazu benötigt eine Drohneneinheit mit einer Drohne im Team mindestens 2 Piloten und 4 Luftraumbeobachter. Also etwa das dreifache Personal im Vergleich zu den verteilten Drohnen auf den Dächern. Der Vorteil hierbei sind somit die geringeren Kosten der verschiedenen Drohnenstationen in einem Ballungsgebiet und die schnellere Verfügbarkeit im Vergleich zu einem Hubschraubereinsatz.

4.5 Zusammenfassung

Der Einsatz von Drohnen hat in den letzten Jahren auch bei Feuerwehren, Rettungs- und Polizeikräften immer mehr an Bedeutung gewonnen. Die Drohnen können dabei helfen, schnell einen Überblick über die Lage zu gewinnen und Informationen aus der Luft zu sammeln, die für den Einsatz relevant sind.

Wird die Feuerwehr alarmiert und rückt zu einem Einsatz aus, werden bereits während der Anfahrt Informationen auf dem jeweiligen Einsatzplanungstool über Funkkontakt mit der Leitstelle gesammelt und der Einsatzort genauer lokalisiert.

Das Drohnenteam erhält bereits auf der Hinfahrt die Anweisung, das Drohnensystem startklar zu machen und die Akkus voll zu laden, um für den Einsatzfall vorbereitet zu sein. Je nach Lademanagement steht somit mindestens ein Akku-(Paar) vollgeladen zur Verfügung. Falls erforderlich, werden auf der Fahrt auch weitere Rettungskräfte wie Rettungsdienste oder Polizei zur Unterstützung angefordert. In naher Zukunft werden vermutlich auch in Europa Drohnen in Ballungszen-

Abb. 67: Feuerwehrzug in der Schweiz mit Allzweck-Kommandofahrzeug, das auch als Drohnenfahrzeug genutzt wird (rechts) (Quelle: Nico Ninov)

tren zu Einsatzorten vorausfliegen und Live-Bilder liefern, bevor die ersten Einsatzkräfte eintreffen.

Vor dem Einsatz der Drohne muss in jedem Fall eine Gefährdungsbeurteilung durchgeführt werden, um sicherzustellen, dass der Einsatz sicher und ohne Gefahren für die Einsatzkräfte oder die Umgebung erfolgen kann. Hierbei wird zum Beispiel geprüft, ob die Wetterbedingungen und der Zustand des Geländes den Einsatz zulassen und ob eventuelle Hindernisse wie Stromleitungen oder Bäume die Drohne beeinträchtigen könnten.

Am Einsatzort angekommen, wird umgehend eine Risikobeurteilung durchgeführt, um in der Umgebung der Einsatzstelle die genaue Anzahl der vermissten Personen festzustellen und gegebenenfalls Risikofaktoren wie Propangas-Tanks oder vergleichbare leicht entflammbare oder explosive Stoffe zu ermitteln. Auf Basis dieser Einschätzung werden die notwendigen Maßnahmen getroffen und die Einsatzkräfte aufgeteilt, um die Aufgaben bestmöglich zu bewältigen. Wenn die Position von Personen oder Risikoquellen unbekannt ist, wird in jedem Fall ein Übersichtsvideo per Drohne befohlen.

Je nach Einsatzlage kann es auch notwendig sein, mehrere Drohnen einzusetzen. Hierbei wird ein Drohnenmanagement durchgeführt, um den Einsatz der Drohnen zu koordinieren und sicherzustellen, dass die Piloten ihre Aufgaben effektiv erfüllen können, ohne sich im laufenden Betrieb in die Quere zu kommen.

Besonderheiten am Einsatzort, die durch die Drohne erfasst wurden, wie z.B. besondere Gefahrenquellen oder schwierige Zugänge, werden berücksichtigt und in die Planung der Einsatztaktik einbezogen. Dabei wird auch das Zusammenspiel von bemannten und unbemannten Luftfahrzeugen von der Einsatzstelle berücksichtigt. Das ist besonders beim Zusammenspiel von mehreren Drohnen und beispielsweise einem Rettungshubschrauber wichtig und wird näher im Kapitel Taktik erörtert.

Während des Einsatzes wird die Drohne von einem ausgebildeten Fernpiloten gesteuert, der die Drohne auch in extremen Situationen sicher durch die Luft manövrieren kann. Die Drohne kann dabei eine Live-Übertragung oder einzelne Kamerabilder an die Einsatzleitung liefern, sodass diese einen besseren Überblick über die Lage vor Ort hat und schnell entscheiden kann, welche Maßnahmen zu ergreifen sind.

Bei bestimmten Einsatzszenarien, wie zum Beispiel Waldbränden, kann die Drohne auch mit einer Wärmebildkamera ausgestattet werden, um Brandherde aufzuspüren und die Feuerwehrleute gezielt an den richtigen Stellen einzusetzen.

Nach Beendigung des Einsatzes wird die Drohne versorgt und die entladenen Akkus je nach Lademanagement geladen bzw. gelagert. Falls erforderlich, werden die notwendigen Reinigungs- und Wartungsarbeiten durchgeführt. Eine Einsatzanalyse auf Basis eines Übersichtsvideos wird durchgeführt, um aus jedem Einsatz zu lernen und gegebenenfalls Verbesserungen in der zukünftigen Einsatztaktik vorzunehmen. Durch eine gründliche Nachbereitung kann die Effektivität der Feuerwehreinsätze gesteigert und die Sicherheit der Einsatzkräfte erhöht werden.

5 Perspektiven

5.1 Ausblick verschiedener Hersteller, Projekte und landesweite Programme

Bei dem Blick in andere Länder kann man Projekte wie das in Kapitel 4 beschriebene Konzept der „DRONERESPONDERS“ entdecken, welches seit 2018 von Behörden und den verschiedenen Herstellern intensiv gefördert wird. Nach Aussage von Ryan Bracken (Chief Product Officer bei Dronesense Inc.) in einem Interview mit Charles Werner haben zum Zeitpunkt des Interviews im Jahr 2022 über 75 % der öffentlichen BOS inklusive Polizei in den USA (das entspricht ca. 50.000 Einheiten) bereits ein Drohnenprogramm, wovon ca. 2.500 mehr als eine Drohne für Einsätze einsetzen. In Deutschland nutzen laut dem Ergebnisbericht des Bundesamts für Bevölkerungsschutz und Katastrophenhilfe (BBK) sogar 78 % der 181 BOS-Einheiten, die an der Umfrage teilgenommen haben, Drohnen im operativen Einsatz, die Hälfte davon reine Feuerwehr-Einheiten [34]. Bei dieser zunehmenden Anzahl von Drohnen in der Luft, die kurzfristig bei einem Einsatz gestartet werden können, ist es naheliegend, ein entsprechendes Unterstützungssystem zu nutzen, mit dem BOS-Drohnen sowie die bemannte Luftfahrt (Rettungshubschrauber etc.) sichtbar gemacht werden können.

DJI Dock

Die Firma DJI hat das Konzept des Drone Dock 2022 auf den Markt gebracht [35]. Dabei handelt es sich um eine Art mobile Drohnengarage, auf der die Drohnen starten, landen und die Akkus inklusive Schnellladefunktion aufladen können. Zielgruppe sind Kunden, die beispielsweise wiederkehrende gleichartige Vermessungsaufgaben an einem Steinbruch oder einer Deponie durchführen möchten.

Abb. 68: DJI Dock – Wetterfeste Drohnenstation (Quelle: DJI)

Ein derartiges System könnte mit den richtigen gesetzlichen Bestimmungen jedoch auch dafür sorgen, dass bei einem Feuerwehreinsatz die Drohne bereits wenige Minuten nach der Alarmierung am Einsatzort eintrifft und vor Eintreffen der Einsatzkräfte über dem Gefahrengebiet schwebt und ein Übersichtsbild in den Einsatzleiterwagen oder zur Leitzentrale überträgt. So können wichtige Entscheidungen zeitnah getätigt werden wie etwa eine taktische Positionierung der verschiedenen Einsatzfahrzeuge.

FlightOps

Die Firma „FlyTech IL – Aerial solutions" hat eine Drohne entwickelt, die vom FlightOps-Autonomiesystem [36] betrieben wird. Diese wird als automatisierte Ersthelfer-Drohne in der Stadt Modi'in-Maccabim-Reut in Israel mit rund 97.000 Einwohnern eingesetzt. Bei einem Einsatz im Rahmen eines Verkehrsunfalls wurde beispielsweise die Drohne unverzüglich zum Unfallort entsandt, wo sie vor dem Rettungsteams eintraf, um der Polizei-Kontrollzentrale ein Lagebild zu übermitteln. Bei einem anderen Vorfall wurde die Drohne auf Basis der Meldung über einen mutmaßlichen Terroristen eingesetzt und lieferte dem Patrouillenteam Luft-Infrarotvideos zur Unterstützung bei der Suche nach der Person. Eine der längsten Strecken der Drohne betrug dabei 10 Kilometer.

Das erste Experiment in Israel wurde von Ayalon Highways, der israelischen Luftfahrtbehörde, der Innovation Authority und der Smart Transportation Administration im Rahmen der israelischen nationalen Drohneninitiative (INDI) durchgeführt, um den Einsatz einer Drohne als Ersthelfer (DFR) bei Polizei-Notrufen zu testen [37]. Die Drohne wurde zum Einsatzort geschickt, um nur Minuten nach dem Anruf eine Echtzeit-Bildübertragung bereitzustellen.

„Wir sind glücklich und stolz, den technologischen Durchbruch in unserer Region anzuführen, der es Sicherheits- und Rettungskräften ermöglicht, jeden Punkt der Stadt in kurzer Zeit zu erreichen, selbst in dicht besiedelten Gebieten, und ein vollständiges Bild zu erhalten", sagte FlightOps-CEO Shay Levy bei einem Interview [37]. „Wir haben keinen Zweifel daran, dass die Zukunft der Luftüberwachung im Höhenbereich bis 100 m liegt und dass unsere Technologie eine Schlüsselkomponente ist, die einen Sprung nach vorne in der Fähigkeit ermöglichen wird, Drohnen autonom und außerhalb der Sichtlinie (BVLOS) im israelischen Polizeidienst und im zivilen Sektor im Allgemeinen zu fliegen."

„Das Experiment hat gezeigt, dass diese Flüge aus technologischer Sicht in einer betrieblichen Umgebung durchgeführt werden können", sagte FlyTech-CEO Eliran Oren [37]. „Die Polizeikräfte erhielten ein sehr hochwertiges Videobild mit einer Verzögerung von bis zu einer halben Sekunde, und das ist ein taktischer Vorteil bei vielen Einsätzen."

Die FlightOps-Software muss zunächst auf der Drohne installiert werden, um diese in ein autonomes Luftfahrzeug zu verwandeln. Die Drohne kommuniziert über 4G/5G-Mobilfunk-Netzwerke mit einem cloudbasierten Betriebszentrum, das automatisierte Flottenoperationen im gemeinsam genutzten Luftraum ermöglicht. Das Betriebssystem ist nicht nur auf Ersthilfeeinsätze beschränkt, sondern kann auch für Überwachung und Drohnenlieferungen eingesetzt werden.

SkyBound Network

Das Projekt SkyBound Rescuer aus Großbritannien hat sich zum Ziel gesetzt, die Bedürfnisse der Feuerwehr und Rettungskräfte durch Softwarelösungen und Beratungen zu unterstützen und so den Einsatz

Abb. 69: DJI Drone Dock mit M30T Drohne startbereit auf einem Gebäudedach (Quelle: DJI)

effizienter und schneller abzuwickeln. Ihre Vision für die Zukunft ist es jedoch, den Bedarf an ausgebildeten Piloten vor Ort für jeden Einsatz durch ein Netzwerk namens SkyBound Network zu eliminieren. Dieses Netzwerk soll es ermöglichen, automatisierte Drohnen in Bereichen einzusetzen, wo diese benötigt werden – etwa bei Such- und Rettungseinsätzen. Das Skybound Network bietet Teams außerdem eine Plattform, um Missionen zu planen sowie Fortschritte im Auge behalten und Echtzeit-Daten von Sensoren der Drohne empfangen zu können.

In Anbetracht der Roadmaps verschiedener Hersteller und Projektträger, sind sofort einsatzbereite Drohnen in einer wetterfesten Ladestation auf dem Dach eines jeden Feuerwehrdepots oder an strategisch ausgewählten Gebäudedächern der Städte mit mehr als 50.000 Einwohnern in Abständen von einem Kilometer Luftradius keine Zukunftsmusik mehr.

In kleineren Städten oder ländlichen Regionen können ergänzend dazu mobile Drohnenteams mit Lösungen aus den Varianten 1-4 mit Ausbildung und Ausrüstung aus Kapitel 2 bereitgestellt werden. Ergänzend dazu können Systeme wie die Sigma-Drohne von Fotokite permanent auf Einsatzfahrzeugen montiert sein und so die Notwendigkeit von ausgebildeten Drohnenpiloten innerhalb der Einsatzkräfte reduzieren. Für ein solches System, zusammen mit den fest installierten Drohnen auf den Dächern in den Ballungsräumen, ist lediglich eine kurze Einweisung der Einsatztruppen verschiedener Organisationen erforderlich. Die Betreiber der Systeme stellen in der Regel die Drohnenpiloten bereit, die bei Bedarf in den automatisierten Betrieb eingreifen können oder über Kontrollzentren das Echtzeit-Videobild bereitstellen können. Allein technisch betrachtet, wären derartige Einsatzszenarien wie in den beschriebenen Beispielen aus den USA, Großbritannien und Israel in der DACH-Region auch heute schon möglich. Jedoch sind die Staaten noch mit der Prüfung der rechtlichen Rahmenbedingungen befasst.

5.2 U-space und BOS

5.2.1 Einführung in U-space

Mit zunehmend gleichzeitig stattfindenem Drohnenverkehr wird es notwendig, Maßnahmen zu ergreifen, um Konflikte zwischen Luftfahrzeugen zu vermeiden. Um bei steigender Verkehrsdichte die Sicherheit im Luftraum aufrechtzuerhalten, hat sich die Europäische Kommission frühzeitig mit dem Thema Drohnenverkehrsmanagement beschäftigt und die Europäische Agentur für Flugsicherheit (EASA) damit beauftragt, einen regulatorischen Rahmen zu schaffen. Unter dem Begriff „U-space" erarbeitete die EASA entsprechende Rahmenbedingungen, die von der Europäischen Kommission im April 2021 in Form von drei Verordnungen veröffentlicht und mit dem 26. Januar 2023 wirksam wurden. Das Regelungswerk umfasst im Einzelnen:

- Durchführungsverordnung (EU) 2021/664: U-space-Verordnung [38]
- Durchführungsverordnung (EU) 2021/665: Anforderungen an Anbieter, die Flugverkehrsmanagementdienste/Flugsicherungsdienste und sonstige Netzfunktionen des Flugverkehrsmanagements in dem im kontrollierten Luftraum ausgewiesenen U-space-Luftraum erbringen [39]
- Durchführungsverordnung (EU) 2021/666: Anforderungen an den Flugbetrieb der bemannten Luftfahrt in U-space-Lufträumen [40]

Durchführungsverordnungen sind in allen Mitgliedstaaten unmittelbar wirksam. Das heißt, die Mitgliedstaaten müssen die Regelungen nicht noch in nationale Gesetze übersetzen. Allerdings lässt der europäische Gesetzgeber einige Ausgestaltungsaspekte offen, die durch den jeweiligen Mitgliedstaat selbst zu bestimmen sind. Hierzu zählt zum Beispiel, ob und wo ein Mitgliedstaat sogenannte U-space-Lufträume einrichten möchte, in denen dann die Verordnung zur Anwendung kommt. Darüber hinaus müssen die Mitgliedstaaten für die Einrichtung von U-space-Lufträumen einige Vorbereitungen treffen. So muss geklärt werden, wer einen Antrag auf Einrichtung eines U-space-Luftraums stellen darf, wer darüber nach welchem Verfahren entscheidet und wer für die Zulassung der Anbieter gemeinsamer Informationsdienste und von U-space-Diensten zuständig ist.

Bei der Fragestellung, wo überall U-space-Lufträume eingerichtet werden sollen, empfiehlt der Gesetzgeber, U-space-Lufträume insbesondere dort einzurichten, wo mit erhöhtem Drohnenverkehr oder Zusammenspiel mit bemannter Luftfahrt zu rechnen ist. Das heißt somit, dass U-space-Lufträume nicht flächendeckend eingerichtet werden sollen, sondern dort, wo eine erhöhte Verkehrsdichte zu erwarten ist, wie es etwa in Städten der Fall ist.

U-space-Lufträume stellen dabei keine neue Luftraumklasse dar. Stattdessen fallen sie in den Bereich der geografischen UAS-Gebiete (vgl. § 21 h Abs. 4 LuftVO [8]). Das heißt, neben den Regelungen, die in den jeweiligen Luftraumklassen gelten, kommen die U-space-Regelungen hinzu.

Für einen UAS-Betreiber bedeutet dies, dass er sich in Vorbereitung seiner Flüge zunächst kundig machen muss, ob der Betrieb gegebenenfalls in einen U-space-Luftraum fallen könnte. Wenn dies der Fall ist, sollte der UAS-Betreiber als nächstes prüfen, welche Auflagen in dem jeweiligen U-space-Luftraum gelten und ob er bzw. seine Drohne diese Auflagen erfüllen kann. Darüber hinaus ist er verpflichtet, sich einen Anbieter von U-space-Diensten zu suchen. Denn die Nutzung von U-space-Diensten ist für das Fliegen in U-space-Lufträumen verpflichtend. Diese Verpflichtung besteht für unbemannte Luftfahrzeuge aller Kategorien: offen, speziell und zulassungspflichtig. Ausgenommen von der Verordnung sind Modellflieger (Art. 1 Abs. 3a) [38]), UAS mit einem Startgewicht von unter 250 g (Art. 1 Abs. 3b) [38]) sowie UAS, die nach Instrumentenflugregeln fliegen (Art. 1 Abs. 3c) [38]).

Zu den verpflichtenden U-space-Diensten zählen der Netzidentifzierungsdienst (zur Übermittlung der Positionsdaten des UAS), der Geo-Sensibilisierungsdienst (Informationen über Bereiche, in denen UAS nicht oder nur unter Auflagen fliegen dürfen), der UAS-Fluggenehmigungsdienst (für die Buchung eines Betriebsbereiches im Luftraum) sowie der Verkehrsinformationsdienst (zur Anzeige von Luftverkehrsdaten im Umkreis des eigenen UAS).

Soll der Betrieb des UAS in einem U-space-Luftraum stattfinden, ist der UAS-Betreiber verpflichtet, vor jedem Flug bei einem Anbieter von U-space-Diensten einen Antrag auf Fluggenehmigung einzureichen. Hierzu übermittelt der Betreiber sein Betriebsvolumen unter Angabe einer Start- und Endzeit des Betriebes. Der Anbieter von U-space-Diensten prüft daraufhin, ob bereits bestehende Luftraumbuchungen in dem Bereich und zu der Zeit vorliegen. Ist dies der Fall, wird der UAS-Betreiber eine Ablehnung erhalten. Ist der Luftraum für den gewünschten Zeitraum jedoch frei, wird der Antrag positiv beschieden. Vor dem Start muss der UAS-Betreiber die Fluggenehmigung aktivieren. Erst wenn die Aktivierung durch den Anbieter von U-space-Diensten bestätigt wurde, darf er starten.

Bei der Bearbeitung der Anträge auf Fluggenehmigung haben die Anbieter von U-space-Diensten „UAS im besonderen Flugbetrieb“ Vorrang zu gewähren (Art. 10 Abs. 8 [38]). Hierzu zählen unter anderem Polizei und Zoll, Suche und Rettung, medizinische Flüge und Einsätze im Rahmen der Brandbekämpfung (vgl. Art. 4 Abs. 1 EU-VO 923/2012 [41]).

5.2.2 BOS-Einsätze in U-space-Lufträumen

Auch in U-space-Lufträumen soll es Ausnahmen für BOS gemäß Artikel 2 Abs. 3 der DVO (EU) 2018/1139 [5] geben. Demnach gelten die Vorschriften aus der U-space-Verordnung nicht für bemannte und unbemannte Luftfahrzeuge, die von Polizei, Zoll, Rettung, Brandbekämpfung etc. betrieben werden. Das heißt, es besteht für Betreiber aus jenen Bereichen keine Verpflichtung, zum Beispiel die Positionsdaten des UAS oder des bemannten Luftfahrzeugs zu übermitteln oder einen Antrag auf UAS-Fluggenehmigung zu stellen. Wie mit der Situation umgegangen wird, ist jedem Mitgliedstaat selbst überlassen.

Deutschland

In Deutschland wurde im Dezember 2022 vom BMDV das U-space-Konzept veröffentlicht. Das Konzept wurde von der „Projektgruppe Unbemannte Luftfahrt" unter Beteiligung weiterer Bundesressorts, Behörden, Länder und Experten mit dem Ziel erstellt, damit eine Grundlage für die Einrichtung von U-space-Lufträumen in Deutschland zu schaffen und eine Unterstützung für den Rechtsetzungsprozess zu geben. Darin wird dargelegt, wie eine mögliche Einbindung von BOS aussehen könnte. Zwar sind BOS von der Nutzung eines U-space-Dienstleisters befreit, allerdings sollen sie ihre Position übermitteln, „wenn es der Einsatzzweck zulässt" [42]. Für Bereiche, in denen die Polizei oder Feuerwehr ungestört ihren UAS-Betrieb durchführen möchten, kann eine sogenannte Luftraumbeschränkung vorgenommen werden. Das heißt, für einen bestimmten Bereich, zum Beispiel über einer Einsatzstelle, wird der Luftraum als gesperrt angegeben, an den Anbieter gemeinsamer Informationsdienste zur Verteilung an die Anbieter von U-space-Diensten und deren UAS-Betreiber weitergegeben.

Deutschland hat Anfang 2023 mit dem Rechtsetzungsprozess begonnen. Aufgrund dessen, dass es viele Punkte in einem komplexen Umfeld zu klären gibt, wird es noch einige Zeit dauern, bis die rechtlichen Voraussetzungen für die Einrichtung von U-space-Lufträumen überhaupt geschaffen werden können. Möchte dann eine Stadt oder Gemeinde einen U-space-Luftraum einrichten, bedarf es unter anderem einer Luftraumrisikobewertung, in der eine detaillierte Analyse der technischen und organisatorischen Voraussetzungen unter umfangreicher Beteiligung von zum Beispiel Luftraumnutzern, Behörden, BOS, Flughäfen, Flugsicherung, Mobilfunkbetreibern und Bevölkerung durchzuführen ist. Auch dieser Prozess wird sehr wahrscheinlich viele Monate in Anspruch nehmen, sodass es vermutlich noch einige Zeit dauern wird, bis der erste U-space-Luftraum in Deutschland eingerichtet und aktiviert wird.

Österreich

Ob in Österreich U-space-Lufträume eingerichtet werden, ist fraglich. Derzeit gibt es seitens der Bundesregierung keine Aktivitäten diesbezüglich. Vielmehr hat Österreich vorerst einen eigenen Weg eingeschlagen. Im Frühjahr 2022 verkündete die österreichische Flugsicherung Austro Control, dass sie zusammen mit dem Technologieanbieter Frequentis an einer Verkehrsmanagementlösung für Drohnen arbeitet. Es sei vorgesehen, auch Nutzergruppen wie Blaulichtorganisationen in das System zu integrieren [43].

Schweiz

Die Schweiz hat sich frühzeitig mit U-space auseinandergesetzt und gilt als einer der Vorreiter in dem Bereich. Bereits 2017 fand eine erste Demonstration hierzu in Genf statt. Ein erster U-space-Luftraum könnte bereits im Jahr 2023 eingerichtet werden. Es ist wahrscheinlich, dass Blaulichtorganisationen ebenfalls die U-space-Dienste nutzen werden.

5.2.3 Fazit

Wer sichergehen möchte, ob sich das eigene Einsatzgebiet in einem U-space-Luftraum befindet, sollte zunächst regelmäßig die nationalen Informationsportale für geografische UAS-Gebiete prüfen.

Informationsportale zu geografischen UAS-Gebieten

Deutschland: https://maptool-dipul.dfs.de/ [44]

Österreich: https://map.dronespace.at/ [45]

Schweiz: https://opendata.swiss/de/dataset/zonen-mit-einschrankungen-fur-modellluftfahrzeuge-und-drohnen [15]

Neben den offiziellen Quellen gibt es auch gewerbliche Plattformen, die zum Teil landesübergreifend geografische Gebiete mit Einschränkungen darstellen und Filter für BOS anbieten. Auch ein Netzwerk aus freiwilligen Helfern und Rettungsorganisationen kann hier beispielsweise für organisierte Mensch- und Tierrettungsaktionen angefragt werden. Eine dieser Plattformen ist:

DroneMaps24: https://dronemaps24.org

Befindet sich das Einsatzgebiet in einem U-space-Luftraum, sollte frühzeitig Kontakt zur Stadt oder Gemeinde aufgenommen werden, um das Verfahren für den Betrieb von BOS-UAS im entsprechenden U-space-Luftraum in Erfahrung zu bringen und entsprechende Absprachen zu treffen.

Literaturverzeichnis

[1] Durchführungsverordnung (EU) 2019/947 der Kommission vom 24. Mai 2019 über die Vorschriften und Verfahren für den Betrieb unbemannter Luftfahrzeuge (ABl. L 152 vom 11. Juni 2019, S. 45); zuletzt geändert mit Durchführungsverordnung (EU) 2022/525 der Kommission vom 1. April 2022 zur Berichtigung bestimmter Sprachfassungen der Durchführungsverordnung (EU) 2019/947 über die Vorschriften und Verfahren für den Betrieb unbemannter Luftfahrzeuge (ABl. L 105 vom 4. A pril 2022, S. 3)

[2] Delegierte Verordnung (EU) 2019/945 der Kommission vom 12. März 2019 über unbemannte Luftfahrzeugsysteme und Drittlandbetreiber unbemannter Luftfahrzeugsysteme (ABl. L 152 vom 11. J uni 2019, S. 1); zuletzt geändert mit der Delegierten Verordnung (EU) 2020/1058 der Kommission vom 27. April 2020 zur Änderung der Delegierten Verordnung (EU) 2019/945 hinsichtlich der Einführung von zwei neuen Klassen unbemannter Luftfahrzeugsysteme (ABl. L 232 vom 20. Juli 202 0, S. 1)

[3] Vertrag über die Arbeitsweise der Europäischen Union (konsolidierte Fassung 2016/C 202/01) Amtsblatt der Europäischen Union, C 202, 7. Juni 2016 (AEUV)

[4] Informationen für Interessenten: Vereinfachtes Betreiberzeugnis für UAS – Light UAS Operator Certificate (LUC), Luftfahrtbundesamt, https://www.lba.de/SharedDocs/Downloads/DE/Formulare/B5/B53/Formulare_Deutsch/LUC_Informationen_Interessenten.pdf?__blob=publicationFile&v=3, Stand: 13.02.2023

[5] Verordnung (EU) 2018/1139 des Europäischen Parlaments und des Rates vom 4. Juli 2018 zur Festlegung gemeinsamer Vorschriften für die Zivilluftfahrt und zur Errichtung einer Agentur der Europäischen Union für Flugsicherheit sowie zur Änderung der Verordnungen (EG) Nr. 2111/2005, (EG) Nr. 1008/2008, (EU) Nr. 996/2010, (EU) Nr. 376/2014 und der Richtlinien 2014/30/EU und 2014/53/EU des Europäischen Parlaments und des Rates, und zur Aufhebung der Verordnungen (EG) Nr. 552/2004 und (EG) Nr. 216/2008 des Europäischen Parlaments und des Rates und der Verordnung (EWG) Nr. 3922/91 des Rates (ABl. L 212 vom 22. August 2018, S. 1); zuletzt geändert mit der Delegierten Verordnung (EU) 2021/1087 der Kommission vom 7. April 2021 zur Änderung der Verordnung (EU) 2018/1139 des Europäischen Parlaments und des Rates hinsichtlich der Aktualisierung der Bezugnahmen auf die Bestimmungen des Abkommens von Chicago (ABl. L 236 v om 5. Juli 2021, S. 1)

[6] Bundesgesetz vom 2. Dezember 1957 über die Luftfahrt (Luftfahrtgesetz – LFG) (BGBl. Nr. 253/1957), zuletzt geändert am 15.07.2021 (BGBl. I Nr. 151/2021), Österreich

[7] Verordnung über die Luftfahrt (Luftfahrtverordnung, LFV) vom 14. November 1973 (Stand: 01.01.2023), Schweiz

[8] Luftverkehrs-Ordnung (LuftVO) vom 29. Oktober 2015 (BGBl. I S. 1894), zuletzt geändert durch Artikel 2 des Gesetzes vom 14. Juni 2021 (BGBl. I S. 1766)

[9] Luftverkehrsgesetz (LuftVG) in der Fassung der Bekanntmachung vom 10. Mai 2007 (BGBl. I S. 698), zuletzt geändert durch Artikel 131 des Gesetzes vom 10. August 2021 (BGBl. I S. 3436)

[10] Bundesamt für Bevölkerungsschutz und Katastrophenhilfe, Empfehlungen für Gemeinsame Regelungen zum Einsatz von Drohnen im Bevölkerungsschutz, Version 1.0, Stand: Mai 2019

[11] Austro Control Dronespace, https://www.dronespace.at/, Austro Control GmbH, Stand: 17.02.2023

[12] Österreichischer Bundesfeuerwehrverband (ÖBFV), https://www.bundesfeuerwehrverband.at/service/bos-drohnen/, Stand: 17.02.2023

[13] Air&More, Spezielle BOS Drohnenversicherungen für Feuerwehr Organisationen in Österreich, https://drohnenversicherung.com/#bos, Stand: 17.02.2023

[14] Verordnung des UVEK über Luftfahrzeuge besonderer Kategorien (VLK) vom 24. November 2022 (Stand: 01.01.2023), Schweiz

[15] https://opendata.swiss/de/dataset/zonen-mit-einschrankungen-fur-modellluftfahrzeuge-und-drohnen, Bundesamt für Zivilluftfahrt (BAZL), Stand: 24.02.2023

[16] Grundgesetz für die Bundesrepublik Deutschland in der im Bundesgesetzblatt Teil III, Gliederungsnummer 100-1, veröffentlichten bereinigten Fassung, das zuletzt durch Artikel 1 des Gesetzes vom 19. Dezember 2022 (BGBl. I S. 2478) geändert worden ist (GG)

[17] Das Grundgesetz – Die Basis unseres Zusammenlebens, Broschüre, Bundesamt für Migration und Flüchtlinge, 14.06.2016, Seite 7

[18] Autorenteam iRights.Lab, Das Sphärenmodell zur Bemessung von Persönlichkeitsrechtsverletzungen, Bundeszentrale für politische Bildung, 17.03.2017, https://www.bpb.de/themen/recht-justiz/persoenlichkeitsrechte/244835/das-sphaerenmodell-zur-bemessung-von-persoenlichkeitsrechtsverletzungen/, Stand: 17.02.2023

[19] Gesetz betreffend das Urheberrecht an Werken der bildenden Künste und der Photographie in der im Bundesgesetzblatt Teil III, Gliederungsnummer 440-3, veröffentlichten bereinigten Fassung, das zuletzt durch Artikel 3 § 31 des Gesetzes vom 16. Februar 2001 (BGBl. I S. 266) geändert worden ist (KunstUrhG)

[20] Verordnung (EU) 2016/679 vom 27. April 2016 zum Schutz natürlicher Personen bei der Verarbeitung personenbezogener Daten, zum freien Datenverkehr und zur Aufhebung der Richtlinie 95/46/EG (Datenschutz-Grundverordnung) (ABl. L 119 vom 4.5.2016, S. 1)

[21] Bundesdatenschutzgesetz vom 30. Juni 2017 (BGBl. I S. 2097), das zuletzt durch Artikel 10 des Gesetzes vom 23. Juni 2021 (BGBl. I S. 1858; 2022 I 1045) geändert worden ist

[22] Bundesgesetz zum Schutz natürlicher Personen bei der Verarbeitung personenbezogener Daten (Datenschutzgesetz – DSG), zuletzt geändert am 20.01.2023 (BGBl. I Nr. 2/2023), Österreich

[23] Datenschutz, https://www.edoeb.admin.ch/edoeb/de/home/datenschutz/ueberblick/datenschutz.html, Eidgenössischer Datenschutz- und Öffentlichkeitsbeauftragter (EDÖB), Stand: 17.02.2023

[24] Datenschutz ist …, Broschüre, Der Bundesbeauftragte für den Datenschutz und die Informationsfreiheit, November 2020, S. 6

[25] Autorenteam iRights.Lab, Das Recht auf informationelle Selbstbestimmung, Bundeszentrale für politische Bildung, 10.03.2017, https://www.bpb.de/themen/recht-justiz/persoenlichkeitsrechte/244837/das-recht-auf-informationelle-selbstbestimmung/, Stand: 17.02.2023

[26] https://www.bmi.bund.de/DE/themen/verfassung/datenschutz/bundesdatenschutzgesetz/bundesdatenschutzgesetz-node.html, Bundesministerium des Innern und der Heimat, Stand: 24.02.2023

[27] Urheberrechtsgesetz vom 9. September 1965 (BGBl. I S. 1273), das zuletzt durch Artikel 25 des Gesetzes vom 23. Juni 2021 (BGBl. I S. 1858) geändert worden ist (UrhG)

[28] Gesetz über die Durchführung von Maßnahmen des Arbeitsschutzes zur Verbesserung der Sicherheit und des Gesundheitsschutzes der Beschäftigten bei der Arbeit (Arbeitsschutzgesetz – ArbSchG), Arbeitsschutzgesetz vom 7. August 1996 (BGBl. I S. 1246), das zuletzt durch Artikel 6k des Gesetzes vom 16. September 2022 (BGBl. I S. 1454) geändert worden ist

[29] DGUV Vorschrift 49 Unfallverhütungsvorschrift „Feuerwehren“, Herausgeber: Deutsche Gesetzliche Unfallversicherung e.V. (DGUV), Ausgabe Juni 2018

[30] DGUV Information 208-058 „Sicherer Umgang mit Multikoptern (Drohnen)“, Herausgeber: Deutsche Gesetzliche Unfallversicherung e.V. (DGUV), Ausgabe Juli 2020, S. 18

[31] DGUV Information 208-058 „Sicherer Umgang mit Multikoptern (Drohnen)“, Herausgeber: Deutsche Gesetzliche Unfallversicherung e.V. (DGUV), Ausgabe Juli 2020, S. 16

[32] M. Baumgarten et al., Unbemannte Flugsysteme in der medizinischen Versorgung, Herausgeber: Mina Baumgarten, Klaus Hahnenkamp, Steffen Fleßa; Springer Gabler, 2022, S. 44

[33] DRONERESPONDERS program, https://www.droneresponders.org, Stand: 17.03.2023

[34] Bundesamt für Bevölkerungsschutz und Katastrophenhilfe, Drohnen im Bevölkerungsschutz – Ergebnisbericht über die Online-Befragung 2021, Stand: Februar 2022, S. 10

[35] DJI Dock, https://www.dji.com/de/dock, Stand: 17.03.2023

[36] FlightOps-Autonomiesystem, https://www.flightops.io, Stand: 24.03.2023

[37] Miriam McNabb, BVLOS Multi-Drone Missions in Urban Area: FlightOps OS, FlyTech IL Trial for Israeli Police, https://dronelife.com/2023/02/01/bvlos-multi-drone-missions-in-urban-area-flight-ops-os-flytech-il-trial-for-israeli-police/, Stand: 17.03.2023

[38] Durchführungsverordnung (EU) 2021/664 der Kommission vom 22. April 2021 über einen Rechtsrahmen für den U-Space (ABl. L 139 vom 23. April 2021, S. 161).

[39] Durchführungsverordnung (EU) 2021/665 der Kommission vom 22. April 2021 zur Änderung der Durchführungsverordnung (EU) 2017/373 der Kommission hinsichtlich der Anforderungen an Anbieter, die Flugverkehrsmanagementdienste/ Flugsicherungsdienste und sonstige Netzfunktionen des Flugverkehrsmanagements in dem im kontrollierten Luftraum ausgewiesenen U-Space-Luftraum erbringen (ABl. L 139 vom 23. April 2021, S. 184)

[40] Durchführungsverordnung (EU) 2021/666 der Kommission vom 22. April 2021 zur Änderung der Verordnung (EU) Nr. 923/2012 hinsichtlich der Anforderungen an den Flugbetrieb der bemannten Luftfahrt im U-Space-Luftraum (ABl. L 139 vom 23. April 2021, S. 187)

[41] Durchführungsverordnung (EU) Nr. 923/2012 der Kommission vom 26. September 2012 zur Festlegung gemeinsamer Luftverkehrsregeln und Betriebsvorschriften für Dienste und Verfahren der Flugsicherung und zur Änderung der Durchführungsverordnung (EG) Nr. 1035/2011 sowie der Verordnungen (EG) Nr. 1265/2007, (EG) Nr. 1794/2006, (EG) Nr. 730/2006, (EG) Nr. 1033/2006 und (EU) Nr. 255/2010 (ABl. L 281 vom 13.10.2012, S. 1)

[42] Konzept Einrichtung von U-Spaces in Deutschland für einen koordinierten Betrieb von unbemannten Luftfahrzeugen in ausgewiesenen Lufträumen, Bundesministerium für Digitales und Verkehr, November 2022, S. 11

[43] Austro Control und Frequentis starten Verkehrsmanagement-System für Drohnen, Austro Control, 20.04.2022, https://www.austrocontrol.at/unternehmen/medien/presse__news/detail/sicher_fliegen_mit_drohnen_austro_control_und_frequentis_starten_verkehrsmanagement-system_fuer_drohnen, Stand: 24.02.2023

[44] Digitale Plattform für unbemannte Luftfahrt (dipul), https://maptool-dipul.dfs.de/, Bundesministerium für Digitales und Verkehr, Stand: 24.02.2023

[45] https://map.dronespace.at/, Austro Control GmbH, Stand: 24.02.2023

Stichwortverzeichnis